**Sudharsan Parthasarathy
Siva Vijayakumar Tharumasivam
Prabhurajeshwar Chidre**

Zebrafish como modelo experimental para pesquisa biomédica

Sudharsan Parthasarathy
Siva Vijayakumar Tharumasivam
Prabhurajeshwar Chidre

Zebrafish como modelo experimental para pesquisa biomédica

Revelar conhecimentos biomédicos com o peixe-zebra

ScienciaScripts

Imprint

Any brand names and product names mentioned in this book are subject to trademark, brand or patent protection and are trademarks or registered trademarks of their respective holders. The use of brand names, product names, common names, trade names, product descriptions etc. even without a particular marking in this work is in no way to be construed to mean that such names may be regarded as unrestricted in respect of trademark and brand protection legislation and could thus be used by anyone.

Cover image: www.ingimage.com

This book is a translation from the original published under ISBN 978-620-7-80799-4.

Publisher:
Sciencia Scripts
is a trademark of
Dodo Books Indian Ocean Ltd. and OmniScriptum S.R.L publishing group

120 High Road, East Finchley, London, N2 9ED, United Kingdom
Str. Armeneasca 28/1, office 1, Chisinau MD-2012, Republic of Moldova, Europe
Printed at: see last page
ISBN: 978-620-7-86956-5

O PEIXE-ZEBRA COMO MODELO EXPERIMENTAL PARA A INVESTIGAÇÃO BIOMÉDICA

(Unlocking Biomedical Insights with Zebrafish)

Autores

Sudharsan Parthasarathy

Siva Vijayakumar Tharumasivam

Prabhurajeshwar Chidre

O PEIXE-ZEBRA COMO MODELO EXPERIMENTAL PARA A INVESTIGAÇÃO BIOMÉDICA

S.N.	Nome dos autores	Fotografia	Filiação
1	Sudharsan Parthasarathy		Departamento de Silvicultura, Universidade de Nagaland (Hqrs.), Lumami, Nagaland, Índia.
2	Siva Vijayakumar Tharumasivam		Departamento de Biotecnologia, Universidade Dhanalakshmi Srinivasan, Samayapuram, Trichy, Tamil Nadu.
3	Prabhurajeshwar Chidre		Departamento de Estudos em Biotecnologia, Universidade de Davangere Gulbarga, Davangere, Karnataka, Índia.

O PEIXE-ZEBRA COMO MODELO EXPERIMENTAL PARA A INVESTIGAÇÃO BIOMÉDICA

Sudharsan Parthasarathy[1] , Siva Vijayakumar Tharumasivam[2] , Prabhurajeshwar Chidre[3]

[1] Departamento de Silvicultura, Universidade de Nagaland (uma universidade central), Lumami, Nagaland, Índia.

[2] Departamento de Engenharia Biotecnológica, Universidade Dhanalakshmi Srinivasan, Samayapuram, Trichy, Tamil Nadu.

[3] Departamento de Estudos em Biotecnologia, Universidade de Davangere Gulbarga, Davangere, Karnataka, Índia.

* Autor correspondente **(shiva.bloom165@gmail.com)**

Índice

O peixe-zebra (Danio rerio) revolucionou o campo da investigação biomédica, proporcionando um modelo versátil e poderoso para estudar uma vasta gama de processos biológicos e doenças humanas. Sendo um organismo pequeno, transparente e de desenvolvimento rápido, o peixe-zebra oferece vantagens únicas que o tornaram indispensável na ciência moderna. Este livro, "Zebrafish as an Experimental Model for Biomedical Research" (O peixe-zebra como modelo experimental para a investigação biomédica), tem como objetivo fornecer um guia completo sobre a utilização do peixe-zebra em vários domínios de investigação, desde a biologia fundamental à medicina translacional. O percurso do peixe-zebra como organismo modelo começou há várias décadas, impulsionado pela necessidade de um sistema que combinasse a tractibilidade genética com a facilidade de observação e manipulação. Atualmente, o peixe-zebra está na vanguarda da investigação em biologia do desenvolvimento, genética, toxicologia e modelação de doenças. Este livro foi concebido para servir tanto como uma introdução para os recém-chegados à investigação do peixe-zebra como uma referência detalhada para investigadores experientes.

Começamos com uma visão geral da biologia do peixe-zebra, detalhando a sua anatomia, fisiologia e fases de desenvolvimento, que são fundamentais para compreender a sua utilização em experiências. Os capítulos seguintes cobrem técnicas essenciais de criação e reprodução de peixe-zebra, assegurando que os investigadores podem manter colónias de peixes saudáveis e produtivas. Em seguida, aprofundamos as ferramentas avançadas de manipulação genética que fizeram do peixe-zebra um modelo de primeira linha para a genómica funcional, incluindo CRISPR-Cas9 e transgénese. É dada especial atenção à utilização do peixe-zebra na modelação de doenças humanas. Exploramos a forma como o peixe-zebra é utilizado para estudar perturbações do desenvolvimento, doenças cardiovasculares, condições neurológicas e cancro. Cada capítulo apresenta estudos de caso e destaca as principais descobertas possibilitadas pela investigação do peixe-zebra. Também discutimos o papel do peixe-zebra na toxicologia e no rastreio de fármacos, ilustrando o seu potencial no desenvolvimento farmacêutico.

Para além das suas aplicações na investigação de doenças, o peixe-zebra tem um valor inestimável em estudos de medicina regenerativa e toxicologia ambiental. As capacidades regenerativas do peixe-zebra, nomeadamente na regeneração do coração e das barbatanas, oferecem perspectivas promissoras para as terapias regenerativas humanas. Os estudos de toxicologia ambiental beneficiam da sensibilidade dos ensaios com peixe-zebra na deteção de poluentes e na avaliação dos riscos ecológicos.

As capacidades de rastreio de elevado rendimento do peixe-zebra estão a revolucionar a descoberta de medicamentos e a investigação genética, fornecendo plataformas escaláveis e eficientes para identificar novos alvos terapêuticos. Os ensaios comportamentais em peixe-zebra também são abordados, demonstrando a sua utilidade na investigação neuropsiquiátrica. Finalmente, abordamos as considerações éticas na investigação do peixe-zebra, enfatizando a importância das práticas humanas e da conformidade regulamentar. O livro conclui com uma discussão sobre as perspectivas e desafios futuros, encorajando o avanço contínuo da investigação do peixe-zebra para satisfazer as necessidades em evolução da ciência biomédica.

Este livro é o resultado das contribuições de especialistas em vários domínios da investigação do peixe-zebra. Esperamos que sirva como um recurso valioso, inspirando mais exploração e inovação no uso do peixe-zebra como organismo modelo. Estamos confiantes de que o peixe-zebra continuará a desempenhar um papel crucial na descoberta das complexidades da biologia e na melhoria da saúde humana.

Autores:

Sudharsan Parthasarathy

Siva Vijayakumar Tharumasivam

Prabhurajeshwar Chidre

Resumo

O peixe-zebra (Danio rerio) emergiu como um poderoso organismo modelo na investigação biomédica, oferecendo vantagens únicas devido à sua semelhança genética com os seres humanos, desenvolvimento rápido e transparência durante a embriogénese. Este livro, "Zebrafish as an Experimental Model for Biomedical Research" (O peixe-zebra como modelo experimental para a investigação biomédica), apresenta uma panorâmica abrangente da utilidade do peixe-zebra no estudo de doenças humanas, biologia do desenvolvimento, genética e farmacologia. Começa com uma introdução à biologia do peixe-zebra, incluindo a sua anatomia, fisiologia e fases de desenvolvimento, seguida de capítulos pormenorizados sobre técnicas de criação e reprodução. O livro aprofunda a manipulação genética do peixe-zebra, abrangendo técnicas avançadas como o CRISPR-Cas9, e explora a análise do seu genoma e transcriptoma. A utilização do peixe-zebra na modelação de perturbações do desenvolvimento humano, na investigação cardiovascular, na neurobiologia e no cancro é cuidadosamente examinada, apresentando estudos de casos específicos e aplicações de investigação. Outros capítulos abordam o sistema imunitário, modelos de doenças infecciosas e o papel do peixe-zebra na toxicologia e no rastreio de medicamentos. O potencial

1. Introdução à biologia do peixe-zebra

O peixe-zebra (Danio rerio) emergiu como um dos organismos modelo mais importantes na investigação biomédica devido às suas numerosas vantagens, incluindo o rápido desenvolvimento, a transparência ótica dos embriões e a facilidade de tratamento genético. Originário das correntes de água doce do Sul da Ásia, o peixe-zebra pertence à família Cyprinidae e está intimamente relacionado com a carpa e o peixe-anão.

Anatomia e Fisiologia

Os peixes-zebra têm um corpo aerodinâmico com riscas azuis horizontais características, o que lhes dá o nome. Possuem órgãos típicos dos vertebrados, incluindo cérebro, coração, fígado, intestino e órgãos reprodutores. O seu sistema reprodutor é particularmente prolífico, o que os torna ideais para estudos genéticos e experiências em grande escala.

Ciclo de vida

O ciclo de vida do peixe-zebra é relativamente curto e bem definido. Após a fertilização, os embriões desenvolvem-se rapidamente, com as principais fases de desenvolvimento a ocorrerem em poucas horas. Os embriões de peixe-zebra são transparentes, permitindo aos investigadores observar facilmente as estruturas e processos internos. Os embriões eclodem em 48 horas e tornam-se larvas que nadam livremente, atingindo a maturidade sexual em cerca de 3 meses.

Características genéticas

O peixe-zebra tem um genoma diploide com 25 pares de cromossomas e o seu genoma foi totalmente sequenciado. Partilham um elevado grau de semelhança genética com os seres humanos, sendo que cerca de 70% dos genes humanos têm ortólogos no peixe-zebra. Esta conservação genética torna-os valiosos para o estudo de doenças humanas e processos biológicos.

Adaptações ambientais

O peixe-zebra é adaptável a uma vasta gama de condições ambientais, o que contribuiu para o seu sucesso como organismo modelo. Podem tolerar variações de temperatura, pH e salinidade, o que os torna adequados para experiências em diversos contextos de investigação.

Aplicações de investigação

O peixe-zebra é utilizado em várias áreas da investigação biomédica, incluindo a biologia do desenvolvimento, a genética, as neurociências, a biologia do cancro, a toxicologia e a descoberta de medicamentos. A sua facilidade de manipulação genética, o seu pequeno tamanho e a sua clareza ótica tornam-no particularmente adequado para a imagiologia em direto e o rastreio de elevado rendimento. A biologia do peixe-zebra oferece vantagens únicas para a investigação biomédica. O seu rápido desenvolvimento, a sua tractibilidade genética e as suas semelhanças fisiológicas com os seres humanos tornam-nos ferramentas inestimáveis para o estudo de processos biológicos fundamentais e de doenças humanas.

Tabela 1: Principais modelos de peixe-zebra para doenças humanas

Categoria de doença	Doença específica	Descrição do modelo de peixe-zebra
Doenças cardiovasculares	Insuficiência cardíaca	Modelos de supressão de genes específicos do coração
Distúrbios neurológicos	Doença de Alzheimer	Expressão da proteína tau humana, análise de placas
Distúrbios Metabólicos	Diabetes	Mutações no promotor da insulina, intolerância à glucose
Cancro	Melanoma	Peixe mutante BRAF, crescimento tumoral visível

2. Perspetiva histórica da investigação sobre o peixe-zebra

O peixe-zebra (Danio rerio) foi descoberto pela primeira vez nos riachos e arrozais da Índia e do Bangladesh no final do século XIX. Inicialmente, eram recolhidos pelo seu valor ornamental e, mais tarde, foram introduzidos no comércio de aquários no início do século XX. No entanto, só na década de 1960 é que o peixe-zebra se tornou de interesse para os cientistas.

Emergência como um organismo modelo

Nas décadas de 1960 e 1970, George Streisinger, da Universidade de Oregon, reconheceu o potencial do peixe-zebra como organismo modelo para estudos genéticos. Streisinger e a sua equipa desenvolveram técnicas de reprodução e manipulação genética do peixe-zebra, lançando as bases da investigação moderna sobre o peixe-zebra.

Estudos de desenvolvimento precoce

Um dos principais avanços na investigação do peixe-zebra ocorreu na década de 1980, quando Christiane Nüsslein-Volhard e Wolfgang Driever, do Instituto Max Planck de Biologia do Desenvolvimento, na Alemanha, realizaram um rastreio genético em grande escala para identificar genes envolvidos no desenvolvimento embrionário. Este trabalho levou à descoberta de muitos genes que controlam o desenvolvimento inicial, o que valeu a Nüsslein-Volhard o Prémio Nobel da Fisiologia ou Medicina em 1995.

Recursos Genómicos e Sequenciação

Na década de 1990, com o avanço das técnicas de biologia molecular, os investigadores começaram a mapear e a sequenciar o genoma do peixe-zebra. A conclusão do projeto do genoma do peixe-zebra em 2013 proporcionou um recurso valioso para estudos genéticos e genómicos.

Ascensão da genómica funcional

O início do século XXI assistiu a uma rápida expansão da investigação sobre o peixe-zebra na área da genómica funcional, com o desenvolvimento de ferramentas para o knockout, knockdown e sobreexpressão de genes. Estas técnicas permitiram aos investigadores manipular a função dos genes e estudar o papel de genes específicos no desenvolvimento, na doença e no comportamento.

Diversas aplicações de investigação

A investigação sobre o peixe-zebra tem-se diversificado ao longo dos anos, abrangendo uma vasta gama de disciplinas, incluindo a biologia do desenvolvimento, as neurociências, a biologia do cancro, a toxicologia e a descoberta de medicamentos. A transparência ótica dos embriões de peixe-zebra e a sua facilidade de manipulação genética tornaram-nos particularmente valiosos para a imagiologia em direto e o rastreio de elevado rendimento. A investigação sofreu um crescimento e um desenvolvimento significativos desde os seus primórdios como peixe ornamental. Desde o seu aparecimento como organismo modelo até ao seu estatuto atual como ferramenta fundamental na investigação biomédica, a perspetiva histórica do peixe-zebra realça a sua importância no avanço da nossa compreensão dos processos biológicos fundamentais e das doenças humanas.

3. Técnicas de criação e reprodução do peixe-zebra

Alojamento e instalações

Os peixes-zebra são tipicamente alojados em instalações aquáticas equipadas com sistemas de recirculação de água. Estes sistemas mantêm os parâmetros de qualidade da água, como a temperatura, o pH e o oxigénio dissolvido, assegurando condições óptimas para a saúde e reprodução dos peixes. Os peixes-zebra são frequentemente mantidos em grandes tanques com um fluxo constante de água filtrada para remover os resíduos e manter a limpeza.

Gestão da qualidade da água

A manutenção de uma qualidade de água adequada é crucial para a saúde do peixe-zebra e para o sucesso da reprodução. Os parâmetros da água, como a temperatura, o pH, a dureza e os níveis de amoníaco, devem ser monitorizados regularmente. As mudanças de água e os sistemas de filtragem ajudam a manter a qualidade óptima da água, enquanto a limpeza regular dos aquários e do equipamento evita a acumulação de resíduos e agentes patogénicos.

Alimentação e nutrição

O peixe-zebra é omnívoro e pode ser alimentado com uma variedade de dietas comerciais, incluindo alimentos em flocos, granulados e alimentos vivos ou congelados, como artémia ou dáfnias. Uma nutrição adequada é essencial para manter a saúde dos peixes e o seu sucesso reprodutivo. Os horários de alimentação devem ser consistentes e os alimentos não consumidos devem ser prontamente removidos para evitar a contaminação da água.

Configuração da criação

A reprodução do peixe-zebra envolve normalmente a instalação de pares de acasalamento em tanques ou tabuleiros de reprodução especialmente concebidos para o efeito. Estes tanques estão muitas vezes equipados com divisórias ou redes para separar os machos das fêmeas até que o acasalamento seja desejado. Os tanques de reprodução devem ter esconderijos adequados, como tubos de PVC ou redes de malha, para dar abrigo aos ovos e aos alevins.

Indução de desova

O peixe-zebra reproduz-se durante todo o ano em condições óptimas, mas a desova pode ser induzida por alterações nas condições ambientais, como a temperatura, o ciclo de luz ou a qualidade da água. Para induzir a desova, os investigadores podem aumentar a temperatura da água, ajustar os horários de iluminação ou introduzir sinais de desova, como comida viva ou parceiros de acasalamento.

Recolha de ovos e incubação

Após o acasalamento, as fêmeas de peixe-zebra põem ovos que aderem ao substrato. Estes ovos são normalmente recolhidos pouco depois da postura e transferidos para tanques de incubação separados ou tabuleiros cheios de água doce. Os ovos eclodem em 48-72 horas, dependendo da temperatura da água, e as larvas resultantes podem ser criadas com uma dieta de alimentos vivos ou em pó.

Criação de larvas

As larvas de peixe-zebra requerem uma atenção cuidada para garantir um crescimento e desenvolvimento correctos. Os aquários das larvas devem ser mantidos limpos, com mudanças regulares de água e uma filtragem suave para remover os resíduos. As larvas são normalmente alimentadas com uma dieta de alimentos vivos ou em pó várias vezes por dia, e os parâmetros de qualidade da água devem ser monitorizados de perto para evitar stress e doenças.

Sexagem e gestão genética

O peixe-zebra atinge a maturidade sexual por volta dos 3 meses de idade e a sexagem pode ser determinada com base em características sexuais secundárias, como a forma do corpo e a morfologia das barbatanas. A gestão genética é essencial para manter os stocks de reprodução e prevenir a depressão endogâmica. Os cruzamentos regulares e a monitorização da diversidade genética ajudam a manter populações de peixe-zebra saudáveis e geneticamente diversas. Técnicas adequadas de criação e reprodução são essenciais para manter colónias de peixe-zebra saudáveis e apoiar programas de reprodução bem sucedidos. Proporcionando condições de habitação óptimas, gerindo a qualidade da água e implementando estratégias de reprodução eficazes, os investigadores podem assegurar a disponibilidade de peixe-zebra para uma vasta gama de aplicações de investigação biomédica.

4. Fases de desenvolvimento do peixe-zebra

Fertilização e clivagem (0-2 horas pós-fertilização)

A fertilização no peixe-zebra ocorre externamente, com o macho a libertar esperma e a fêmea a libertar ovos na água. Após a fertilização, o ovo sofre divisões de clivagem rápidas, formando uma blástula em 2 horas.

Blástula (2-5 horas pós-fertilização)

A fase de blástula é caracterizada por uma bola oca de células, com o blastodisco no topo. Durante esta fase, as células migram e diferenciam-se para formar as camadas germinativas: ectoderme, mesoderme e endoderme.

Gastrulação (5-10 horas pós-fertilização)

A gastrulação começa com a formação do escudo embrionário, um espessamento de células num dos lados da blástula. Em seguida, as células migram e sofrem involução para formar as três camadas germinativas. No final da gastrulação, o plano corporal básico do embrião está estabelecido.

Segmentação (10-24 horas pós-fertilização)

Durante a segmentação, o embrião do peixe-zebra sofre um rápido crescimento e começa a desenvolver segmentos distintos ao longo do eixo anterior-posterior. Os somitos, que dão origem aos músculos e ao esqueleto, formam-se de forma rítmica da extremidade anterior para a posterior do embrião.

Faringe (24-48 horas pós-fertilização)

A fase faríngea é caracterizada pelo desenvolvimento de estruturas como a faringe, o coração, o cérebro e os olhos. Os principais sistemas de órgãos começam a tomar forma e o embrião torna-se mais alongado.

Eclosão (48-72 horas após a fertilização)

48 horas após a fertilização, o embrião do peixe-zebra sofre a eclosão, onde se liberta do córion (membrana do ovo) e se torna uma larva que nada livremente. A larva apresenta um crescimento rápido e começa a alimentar-se de nutrientes externos.

Fase larvar (72 horas a 1 mês pós-fertilização)

Durante a fase larvar, o peixe-zebra sofre um crescimento e desenvolvimento significativos. Os órgãos continuam a amadurecer e a larva torna-se cada vez mais móvel e reactiva ao seu ambiente. A fase larvar é um período crítico para o estudo da organogénese e do comportamento.

Fases juvenil e adulta (a partir de 1 mês pós-fertilização)

Quando o peixe-zebra atinge a maturidade, entra nas fases juvenil e adulta. A maturidade sexual é normalmente atingida cerca de 3 meses após a fertilização. O peixe-zebra continua a crescer e a reproduzir-se durante toda a sua vida adulta, sendo as fêmeas capazes de produzir centenas de ovos numa única ninhada. O peixe-zebra passa por uma série de fases de desenvolvimento bem definidas desde a fertilização até à idade adulta. A compreensão destas fases é crucial para a investigação em biologia do desenvolvimento e para a utilização do peixe-zebra como organismo modelo para estudar o desenvolvimento e as doenças humanas.

Tabela 2: Principais fases do desenvolvimento do peixe-zebra

Fase de desenvolvimento	Tempo pós-fertilização	Características principais
Zigoto	0-0,75 horas	Fase unicelular, ocorre a fertilização
Blastula	2,25-5,25 horas	Divisão celular rápida sem crescimento
Gástrula	5,25-10 horas	Principais movimentos celulares, formação da camada germinativa
Organogénese	24-72 horas	Formação dos órgãos, início da

		funcionalidade
Larvas	3-30 dias	Crescimento, início da alimentação autónoma

5. Anatomia e fisiologia do peixe-zebra

5.1 Anatomia externa

Corpo: O peixe-zebra tem uma forma de corpo aerodinâmica com riscas azuis horizontais ao longo dos lados, de onde deriva o seu nome.

Barbatanas: Têm várias barbatanas, incluindo a dorsal, anal, caudal, peitoral e pélvica, que ajudam na propulsão, estabilidade e manobrabilidade.

Cabeça: A cabeça contém vários órgãos sensoriais, incluindo os olhos, as narinas, a boca e o sistema de linhas laterais.

5.2 Anatomia interna

Cérebro: O peixe-zebra tem uma estrutura cerebral relativamente simples em comparação com os mamíferos, com regiões responsáveis pelo processamento sensorial, controlo motor e comportamento.

O coração: O coração é um órgão muscular com duas câmaras (aurícula e ventrículo) e é responsável pelo bombeamento do sangue para todo o corpo.

Sistema digestivo: O peixe-zebra tem um sistema digestivo completo que inclui boca, esófago, estômago, intestino e ânus para a digestão e absorção de nutrientes.

Sistema respiratório: Respiram através de brânquias, que extraem o oxigénio da água, e possuem também uma estrutura primitiva semelhante a um pulmão, conhecida como bexiga natatória.

Sistema reprodutor: Os peixes-zebra têm ovários ou testículos para a reprodução, com as fêmeas a produzirem ovos e os machos a libertarem esperma.

5.3 Funções fisiológicas

Sistema Circulatório: O peixe-zebra tem um sistema circulatório fechado com vasos sanguíneos que transportam oxigénio, nutrientes e produtos residuais por todo o corpo.

Respiração: O peixe-zebra extrai oxigénio da água através das guelras, onde este se difunde para a corrente sanguínea e é transportado para os tecidos.

Excreção: Os produtos residuais, como o amoníaco, são excretados pelos rins e brânquias para manter o equilíbrio interno adequado (homeostasia).

Sistemas sensoriais: Os peixes-zebra têm sistemas sensoriais bem desenvolvidos, incluindo visão (olhos), olfato (cheiro), mecanorreceptores (sistema da linha lateral) e paladar.

Reprodução: Os peixes-zebra reproduzem-se por fertilização externa, com os machos a libertarem esperma e as fêmeas a libertarem ovos na água, onde ocorre a fertilização.

5.4 Características comportamentais

Escolaridade: Os peixes-zebra são animais sociais que exibem um comportamento de cardume, preferindo nadar em grupos para segurança e comunicação.

Alimentação: São omnívoros, alimentando-se de uma variedade de alimentos vivos e preparados, incluindo zooplâncton, algas e comida comercial para peixes.

Exploração: Os peixes-zebra são curiosos e exploradores, investigando frequentemente o seu ambiente e interagindo com objectos no seu aquário.

Possuem uma série de características anatómicas e fisiológicas que os tornam adequados para a investigação científica. A sua anatomia relativamente simples, o seu desenvolvimento rápido e a sua tractibilidade genética tornaram-nos um organismo modelo valioso para o estudo de uma vasta gama de processos biológicos e de doenças humanas.

6. Humanos vs. Zebrafish: Uma comparação

6.1 Anatomia e fisiologia

Os seres humanos: Os seres humanos são mamíferos com uma anatomia complexa, incluindo um cérebro altamente desenvolvido, um coração com quatro câmaras, pulmões para respiração e um sistema digestivo adaptado a dietas omnívoras.

Peixe-zebra: Os peixes-zebra são pequenos peixes de água doce com um corpo aerodinâmico, uma estrutura cerebral relativamente simples, um coração com duas câmaras, guelras para respiração e um sistema digestivo completo.

6.2 Semelhanças genéticas

Humanos: Os humanos partilham aproximadamente 70% dos seus genes com o peixe-zebra, incluindo muitos genes associados a doenças humanas.

Peixe-zebra: O peixe-zebra tem um genoma diploide com 25 pares de cromossomas e ortólogos de muitos genes humanos.

6.3 Biologia do desenvolvimento

O ser humano: O desenvolvimento humano ocorre internamente no útero da mãe e inclui fases distintas como a fertilização, o desenvolvimento embrionário, o desenvolvimento fetal e o nascimento.

Peixe-zebra: O desenvolvimento do peixe-zebra ocorre externamente na água e segue fases de fertilização, gastrulação, organogénese e eclosão semelhantes às de outras espécies de peixes.

6.4 Aplicações de investigação

Humanos: A investigação em seres humanos é realizada principalmente em contextos clínicos e envolve o estudo de doenças, tratamentos e biologia humana, utilizando técnicas como a imagiologia, a genética e a biologia celular.

Peixe-zebra: O peixe-zebra é amplamente utilizado como organismo modelo na investigação biomédica para o estudo de doenças humanas, biologia do desenvolvimento, genética, toxicologia e descoberta de medicamentos, devido à sua tractibilidade genética, transparência ótica e rápido desenvolvimento.

6.5 Tempo de vida e reprodução

Humanos: Os seres humanos têm uma esperança de vida relativamente longa, vivendo normalmente várias décadas, e reproduzem-se internamente, com as fêmeas a carregar e a nutrir o embrião em desenvolvimento.

Peixe-zebra: O peixe-zebra tem um tempo de vida mais curto, vivendo cerca de 2-3 anos em cativeiro, e reproduz-se externamente, com as fêmeas a pôr ovos que são fertilizados pelos machos na água.

6.6 Comportamento e ecologia

Os seres humanos: Os seres humanos têm estruturas e comportamentos sociais complexos, com capacidades cognitivas como a resolução de problemas, a comunicação e a cultura.

Peixe-zebra: Os peixes-zebra apresentam um comportamento de cardume, nadam em grupos por razões de segurança e apresentam comportamentos básicos relacionados com a alimentação, exploração e interacções sociais.

Os seres humanos e o peixe-zebra têm muitas diferenças em termos de anatomia, fisiologia e comportamento, mas também partilham semelhanças genéticas significativas. O peixe-zebra é um organismo modelo valioso para compreender os processos biológicos fundamentais e as doenças humanas, complementando a investigação efectuada em seres humanos.

Tabela 3: Comparação dos genomas do peixe-zebra e do ser humano

Característica	Peixe-zebra	Humano
Tamanho do genoma	1,4 Gb	3,2 Gb
Número do cromossoma	25 pares	23 pares
Contagem de genes	Cerca de 26 000 genes	Cerca de 20.000 genes

| Similaridade genética | 70% de genes partilhados | - |
| Principais aplicações do modelo | Biologia do desenvolvimento, toxicologia | Genética, cancro, desenvolvimento de medicamentos |

7. Manipulação Genética em Zebrafish

Transgénese

A transgénese envolve a introdução de ADN estranho no genoma do peixe-zebra para criar linhas transgénicas. Isto é tipicamente conseguido usando técnicas como a microinjecção de construções de ADN em ovos fertilizados ou vectores virais. Os genes repórteres, como a GFP (proteína verde fluorescente) ou a RFP (proteína vermelha fluorescente), podem ser utilizados para visualizar os padrões de expressão dos genes em embriões vivos de peixe-zebra, ajudando no estudo da regulação dos genes e na determinação do destino das células. Os morfolinos são oligonucleótidos sintéticos que se ligam ao ARNm, bloqueando a tradução e eliminando efetivamente a expressão genética. Os morfolinos são normalmente utilizados para estudar a função dos genes durante o desenvolvimento inicial do peixe-zebra. A tecnologia CRISPR/Cas9 permite a edição precisa do genoma do peixe-zebra através da introdução de mutações ou inserções/deleções específicas. Esta poderosa ferramenta permite a criação de mutantes de perda de função e linhas knock-in/knock-out. A injeção de ARNm que codifica um gene de interesse pode levar a uma sobreexpressão transitória em embriões de peixe-zebra, permitindo aos investigadores estudar a função do gene e os efeitos fenotípicos. As linhas transgénicas estáveis podem ser geradas através da integração de um gene de interesse no genoma do peixe-zebra sob o controlo de promotores específicos, resultando numa sobreexpressão constitutiva ou específica do tecido. O sistema Cre-Lox permite a manipulação condicional de genes no peixe-zebra, em que a atividade de um gene de interesse pode ser controlada espacial e temporalmente. Este sistema é amplamente utilizado para estudar a função dos genes em diferentes fases de desenvolvimento ou em tecidos específicos.

Aplicações da manipulação genética

A manipulação genética permite aos investigadores dissecar as vias genéticas subjacentes ao desenvolvimento do peixe-zebra, incluindo a organogénese, a modelação dos tecidos e a morfogénese. Os mutantes do peixe-zebra e as linhas transgénicas são ferramentas valiosas para modelar doenças humanas como o cancro, doenças cardiovasculares, doenças neurológicas e síndromes genéticas. O peixe-zebra pode ser utilizado para o rastreio de pequenas moléculas em grande escala para identificar potenciais compostos terapêuticos para várias doenças. A manipulação genética permite aos investigadores validar alvos de medicamentos e estudar os mecanismos de ação dos medicamentos. As considerações éticas devem ser tidas em conta quando se efectua a manipulação genética no peixe-zebra, incluindo a garantia do bem-estar dos animais, a minimização do sofrimento e o cumprimento dos regulamentos e directrizes para a investigação em animais.

8. Análise do genoma e do transcriptoma do peixe-zebra

Sequenciação do genoma

O genoma do peixe-zebra foi sequenciado em 2013, revelando um genoma diploide com 25 pares de cromossomas e aproximadamente 1,7 mil milhões de pares de bases. A sequência do genoma fornece uma referência abrangente para o estudo da genética e da genómica do peixe-zebra. O genoma do peixe-zebra contém cerca de 26.000 genes codificadores de proteínas, incluindo ortólogos de muitos genes humanos. Contém também regiões não codificantes, elementos repetitivos e sequências reguladoras que desempenham papéis importantes na regulação e evolução dos genes. O RNA-Seq é amplamente utilizado para determinar os níveis de expressão dos genes e as isoformas dos transcritos em diferentes tecidos, fases de desenvolvimento e condições experimentais. Fornece informações sobre a regulação dos genes, splicing alternativo e expressão de ARN não codificante. O RNA-Seq unicelular permite a análise da expressão genética a nível unicelular, fornecendo informações sobre a heterogeneidade celular, a especificação de linhagens e a comunicação entre células durante o desenvolvimento e a doença. A análise do transcriptoma pode ser utilizada para validar fenótipos de supressão ou eliminação de genes, avaliando as alterações nos padrões de expressão genética. Isto ajuda a elucidar a função de genes específicos e o seu papel nos processos biológicos. Os dados do transcriptoma podem ser utilizados para inferir redes e vias de regulação de genes que controlam o desenvolvimento, a homeostasia dos tecidos e os processos de doença. Métodos computacionais como a análise de redes e o enriquecimento de vias ajudam a descobrir estas interacções. A análise comparativa do genoma do peixe-zebra com outros genomas de vertebrados, incluindo os humanos, permite a identificação de elementos genómicos conservados, famílias de genes e relações evolutivas. O estudo da evolução das famílias de genes, dos elementos reguladores e da organização do genoma permite compreender a base genética da diversidade e adaptação dos vertebrados.

Aplicações na investigação biomédica

A análise do genoma e do transcriptoma do peixe-zebra é utilizada para modelar doenças humanas, identificar genes causadores de doenças e compreender os mecanismos moleculares subjacentes à patogénese. A caraterização do transcriptoma é utilizada em linhas de investigação de medicamentos para identificar potenciais alvos de medicamentos, avaliar a eficácia dos medicamentos e compreender os mecanismos de ação dos medicamentos em modelos de doenças do peixe-zebra. A análise do genoma e do transcriptoma são ferramentas poderosas para estudar a função, a regulação e a evolução dos genes no peixe-zebra. Estas abordagens têm amplas aplicações na investigação biomédica e contribuem para a nossa compreensão dos processos biológicos fundamentais e da saúde humana. A utilização da análise do genoma e do transcriptoma na investigação do peixe-zebra, destacando a sua importância na compreensão da função e regulação dos genes e dos mecanismos de doença.

9. Ferramentas para a genómica funcional do peixe-zebra

9.1 Oligonucleótidos morfolino

Função: Os morfolinos são oligonucleótidos sintéticos anti-sentido que se ligam ao ARNm, bloqueando a tradução e eliminando eficazmente a expressão genética.

Aplicações: São amplamente utilizados para estudos de "knockdown" transitório para avaliar a função de genes específicos durante o desenvolvimento do peixe-zebra.

9.2 Edição do genoma CRISPR/Cas9

Função: A tecnologia CRISPR/Cas9 permite a edição precisa do genoma do peixe-zebra através da introdução de mutações ou inserções/deleções específicas.

Aplicações: O CRISPR/Cas9 é utilizado para criar mutantes de perda de função, linhas knock-in/knock-out e modificações precisas do genoma para estudar a função dos genes.

9.3 Linhagens transgénicas repórteres

Função: As linhas transgénicas de peixe-zebra expressam proteínas fluorescentes (por exemplo, GFP, RFP) sob o controlo de promotores específicos, permitindo a visualização de padrões de expressão genética.

Aplicações: Estas linhas são utilizadas para estudar a dinâmica da expressão dos genes, a determinação do destino das células e as funções específicas dos tecidos durante o desenvolvimento e a doença.

9.4 Sequenciação do ARN (RNA-Seq)

Função: O RNA-Seq permite a criação de perfis a nível do genoma dos níveis de expressão dos genes e das isoformas dos transcritos em diferentes tecidos e condições experimentais.

Aplicações: É utilizado para identificar genes diferencialmente expressos, eventos de splicing alternativo e expressão de ARN não codificante, fornecendo informações sobre a regulação e função dos genes.

9.5 Triagem de alto rendimento (HTS)

Função: As plataformas HTS permitem o rastreio em grande escala de pequenas moléculas, produtos químicos ou perturbações genéticas quanto aos seus efeitos nos fenótipos do peixe-zebra.

Aplicações: O HTS é utilizado na descoberta de medicamentos, no rastreio químico e em estudos de genómica funcional para identificar potenciais compostos terapêuticos ou estudar a função dos genes in vivo.

9.6 Bibliotecas de mutantes de peixe-zebra

Função: As bibliotecas de mutantes contêm linhas de peixe-zebra com mutações induzidas ou naturais em genes específicos.

Aplicações: Estas bibliotecas fornecem recursos para estudar a função dos genes, os mecanismos das doenças e as interacções genéticas através do rastreio e da análise baseados no fenótipo.

9.7 Bases de dados e recursos de genómica funcional

Função: As bases de dados e recursos em linha dão acesso a sequências do genoma do peixe-zebra, anotações de genes, perfis de expressão e anotações funcionais.

Aplicações: Os investigadores podem utilizar estes recursos para explorar a função dos genes, realizar genómica comparativa e conceber experiências para estudos de genómica funcional.

9.8 Expressão dos genes e ferramentas de análise funcional

Função: As ferramentas e o software de bioinformática permitem a análise de dados de expressão genética, a análise de enriquecimento funcional, a análise de vias e a visualização de redes.

Aplicações: Estas ferramentas ajudam os investigadores a interpretar dados genómicos e transcriptómicos, a identificar conjuntos de genes funcionais e a descobrir conhecimentos biológicos a partir de conjuntos de dados em grande escala.

A genómica funcional do peixe-zebra assenta num conjunto diversificado de ferramentas e técnicas, incluindo morfolinos, edição CRISPR/Cas9, linhas de repórteres transgénicos, RNA-Seq, rastreio de elevado rendimento, bibliotecas de mutantes e recursos bioinformáticos. Estas ferramentas permitem aos investigadores estudar a função, a regulação e as interacções dos genes no contexto do desenvolvimento, das doenças e da descoberta de medicamentos.

10. Embriogénese e organogénese do peixe-zebra

10.1 Fertilização e clivagem

Período de tempo: 0-2 horas pós-fertilização

Descrição: A fertilização ocorre externamente, com o macho a libertar esperma e a fêmea a libertar ovos na água. O zigoto sofre divisões de clivagem rápidas para formar uma blástula.

10.2 Gastrulação

Período de tempo: 5-10 horas pós-fertilização

Descrição: A gastrulação começa com a formação do escudo embrionário, seguida da involução e convergência das células para formar as três camadas germinativas: ectoderme, mesoderme e endoderme.

10.3 Segmentação

Período de tempo: 10-24 horas pós-fertilização

Descrição: Os somitos formam-se de forma sequencial ao longo do eixo antero-posterior, dando origem ao sistema músculo-esquelético. Inicia-se a formação do tubo neural, levando ao desenvolvimento do sistema nervoso central.

10.4 Fase da faringe

Prazo: 24-48 horas pós-fertilização

Descrição: Os principais sistemas de órgãos começam a desenvolver-se, incluindo a faringe, o coração, o cérebro e os olhos. O embrião torna-se alongado e a cauda começa a formar-se.

10.5 Incubação

Período de tempo: 48-72 horas pós-fertilização

Descrição: O embrião eclode do córion (membrana do ovo) e torna-se uma larva que nada livremente. Os sistemas de órgãos continuam a desenvolver-se e a amadurecer durante a fase larvar.

10.6 Organogénese

Período de tempo: 72 horas pós-fertilização em diante

Descrição: A organogénese envolve a diferenciação e a morfogénese dos principais órgãos e tecidos, incluindo o coração, o fígado, o pâncreas, o intestino, o rim, o cérebro e os órgãos sensoriais.

10.7 Desenvolvimento do coração

Descrição: O coração começa como um tubo linear e passa por um looping para formar o átrio e o ventrículo. As válvulas e câmaras desenvolvem-se e a circulação é estabelecida.

10.8 Desenvolvimento do sistema nervoso

Descrição: O tubo neural forma-se e diferencia-se no cérebro e na espinal medula. Os neurónios estendem processos e formam circuitos neurais, estabelecendo funções sensoriais e motoras.

10.9 Desenvolvimento do intestino

Descrição: O tubo digestivo forma-se a partir da endoderme e sofre uma regionalização em intestino anterior, intestino médio e intestino posterior. Os órgãos digestivos, como o fígado e o pâncreas, desenvolvem-se a partir da endoderme.

10.10 Desenvolvimento de órgãos sensoriais

Descrição: Os órgãos sensoriais, incluindo os olhos, ouvidos e sistema de linha lateral, desenvolvem-se a partir do ectoderma. Estes órgãos permitem que o peixe-zebra detecte estímulos visuais, auditivos e mecânicos.

A embriogénese e a organogénese do peixe-zebra são processos altamente dinâmicos caracterizados por uma regulação espacial e temporal precisa da expressão genética e do comportamento celular. A compreensão destes processos permite compreender os mecanismos genéticos e moleculares subjacentes ao desenvolvimento dos vertebrados e constitui um modelo valioso para o estudo do desenvolvimento e das doenças humanas.

11. O peixe-zebra como modelo para as perturbações do desenvolvimento humano

Similaridade genética

Os peixes-zebra partilham um elevado grau de semelhança genética com os humanos, com aproximadamente 70% dos genes humanos a terem ortólogos nos peixes-zebra. Esta conservação genética permite aos investigadores estudar as funções dos genes humanos num sistema simplificado e experimentalmente tratável.

Desenvolvimento rápido

Os embriões de peixe-zebra desenvolvem-se rapidamente e são opticamente transparentes, permitindo aos investigadores observar os processos de desenvolvimento em tempo real. Isto permite o estudo de eventos de desenvolvimento precoce e dos efeitos de mutações genéticas ou de factores ambientais na organogénese e na modelação de tecidos.

Manipulação genética

Técnicas como o knockdown com morfolino, a edição do genoma CRISPR/Cas9 e a transgénese permitem a manipulação precisa da expressão genética em embriões de peixe-zebra. Isto permite aos investigadores modelar doenças genéticas humanas através da indução de mutações genéticas ou da alteração dos níveis de expressão genética.

Conservação das vias de desenvolvimento

Muitas vias de sinalização e processos de desenvolvimento são conservados entre o peixe-zebra e os humanos, incluindo vias envolvidas no neurodesenvolvimento, organogénese e diferenciação de tecidos. A perturbação destas vias no peixe-zebra pode levar a fenótipos que fazem lembrar perturbações do desenvolvimento humano.

Modelação de doenças

O peixe-zebra tem sido utilizado com sucesso para modelar uma vasta gama de perturbações do desenvolvimento humano, incluindo perturbações do neurodesenvolvimento (por exemplo, perturbações do espetro do autismo, deficiências intelectuais), defeitos cardíacos congénitos, displasias esqueléticas e anomalias craniofaciais.

Rastreio fenotípico

O peixe-zebra pode ser utilizado para o rastreio de pequenas moléculas ou modificadores genéticos para identificar potenciais terapêuticas ou compreender os mecanismos das doenças. Os ensaios fenotípicos no peixe-zebra podem revelar novos candidatos a fármacos ou vias para investigação posterior.

Descoberta de medicamentos

Os modelos de peixe-zebra de perturbações do desenvolvimento humano podem ser utilizados para testar a eficácia e a segurança de potenciais compostos terapêuticos. Os embriões de peixe-zebra são particularmente adequados para o rastreio de medicamentos devido ao seu pequeno tamanho, elevada fecundidade e permeabilidade a pequenas moléculas.

Compreender os mecanismos da doença

O estudo das perturbações do desenvolvimento no peixe-zebra permite compreender os mecanismos celulares e moleculares subjacentes à patogénese da doença. Este conhecimento pode levar à identificação de novos alvos de intervenção e de potenciais estratégias de desenvolvimento terapêutico.

O peixe-zebra constitui um modelo valioso para o estudo das perturbações do desenvolvimento humano, proporcionando conhecimentos sobre os mecanismos genéticos, moleculares e celulares subjacentes a estas doenças. O seu rápido desenvolvimento, a sua tractibilidade genética e a sua capacidade para o rastreio de elevado rendimento tornam-no uma ferramenta indispensável tanto para a investigação fundamental como para a descoberta de medicamentos no domínio da biologia do desenvolvimento e da medicina.

12. Zebrafish na investigação cardiovascular

Tractibilidade genética

O peixe-zebra oferece uma vasta gama de ferramentas genéticas, incluindo a transgénese, a edição do genoma por CRISPR/Cas9 e o knockdown por morfolino, permitindo aos investigadores manipular a expressão genética e estudar a função de genes específicos implicados no desenvolvimento e nas doenças cardiovasculares.

Transparência ótica

Os embriões de peixe-zebra são transparentes, o que permite a visualização do desenvolvimento e da função cardiovascular em tempo real, utilizando técnicas como a microscopia confocal e a imagem em direto. Isto facilita o estudo da morfogénese do coração, da dinâmica do fluxo sanguíneo e da função cardíaca.

Desenvolvimento Cardiovascular Conservado

Muitos aspectos do desenvolvimento cardiovascular do peixe-zebra são conservados com os humanos, incluindo a formação do coração, o desenvolvimento dos vasos sanguíneos e os padrões de expressão dos genes cardíacos. O estudo destes processos no peixe-zebra permite compreender o desenvolvimento cardiovascular humano e os defeitos cardíacos congénitos.

Modelação de doenças cardiovasculares humanas

Foram desenvolvidos modelos de peixe-zebra para uma vasta gama de doenças cardiovasculares humanas, incluindo cardiomiopatias, arritmias, defeitos cardíacos congénitos e doenças vasculares. Estes modelos recapitulam as principais características da doença humana e podem ser utilizados para identificar factores genéticos e ambientais que contribuem para a patogénese da doença.

Descoberta e rastreio de medicamentos

Os embriões de peixe-zebra são adequados para o rastreio de fármacos em grande escala devido ao seu pequeno tamanho, elevada fecundidade e rápido desenvolvimento. Podem ser utilizados para testar a eficácia e a toxicidade de potenciais compostos terapêuticos, conduzindo à identificação de novos fármacos para o tratamento de doenças cardiovasculares.

Medicina regenerativa

O peixe-zebra possui uma capacidade regenerativa notável, incluindo a capacidade de regenerar o tecido cardíaco após uma lesão. O estudo da regeneração cardíaca no peixe-zebra pode fornecer informações sobre potenciais terapias regenerativas para doenças cardíacas em seres humanos.

Análise funcional de genes cardiovasculares

Os mutantes de peixe-zebra com fenótipos cardiovasculares podem ser gerados utilizando técnicas de manipulação genética, permitindo aos investigadores estudar a função de genes específicos no desenvolvimento e função do coração. Estes estudos fornecem informações valiosas sobre a base genética das doenças cardiovasculares.

Estudos mecanísticos

Os modelos de peixe-zebra permitem estudos mecanicistas para investigar os mecanismos celulares e moleculares subjacentes ao desenvolvimento cardiovascular e à progressão da doença. Isto inclui estudos sobre as vias de sinalização celular, redes de regulação genética e interacções entre diferentes tipos de células no coração e na vasculatura.

O peixe-zebra é um organismo modelo valioso para a investigação cardiovascular, proporcionando oportunidades únicas para estudar o desenvolvimento, a função e a doença cardiovasculares. A sua tractibilidade genética, transparência ótica e capacidade de rastreio de elevado rendimento tornam-nos ferramentas indispensáveis para a compreensão dos mecanismos moleculares subjacentes às doenças cardiovasculares e para o desenvolvimento de novas estratégias terapêuticas.

13. Neurobiologia e comportamento do peixe-zebra
Neuroanatomia e desenvolvimento

Neuroanatomia: O peixe-zebra tem um sistema nervoso bem caracterizado com uma organização geral conservada semelhante à dos humanos, incluindo regiões cerebrais como o prosencéfalo, o mesencéfalo, o rombencéfalo e a espinal medula.

Desenvolvimento: Os embriões de peixe-zebra desenvolvem-se rapidamente, permitindo a visualização e o estudo do desenvolvimento neural, incluindo a neurogénese, a orientação dos axónios e a sinaptogénese.

Tractibilidade genética

As linhas transgénicas de peixe-zebra que expressam proteínas fluorescentes em populações neuronais específicas permitem o estudo da morfologia, conetividade e função neuronais. As técnicas de manipulação genética, como a CRISPR/Cas9, permitem a geração de linhas mutantes de peixe-zebra com perturbações específicas em genes associados ao neurodesenvolvimento e ao comportamento.

Ensaios comportamentais

As larvas de peixe-zebra exibem uma vasta gama de comportamentos inatos, incluindo natação, fototaxia, tigmotaxia e respostas de fuga. Estes comportamentos podem ser quantificados através de sistemas de rastreio automatizados. O peixe-zebra adulto apresenta comportamentos complexos, tais como a formação de cardumes, interacções sociais, prevenção de predadores, acasalamento e aprendizagem. Estes comportamentos podem ser estudados utilizando uma variedade de ensaios, incluindo testes em campo aberto, testes de preferência social e ensaios de aprendizagem.

Perturbações neurológicas

Foram desenvolvidos modelos de peixe-zebra para várias doenças neurológicas, incluindo perturbações do espetro do autismo, epilepsia, doença de Parkinson e doença de Alzheimer. Estes modelos recapitulam as principais características da doença humana e podem ser utilizados para o rastreio de medicamentos e estudos mecanicistas.

Descoberta de medicamentos

As larvas de peixe-zebra são susceptíveis de serem submetidas a um rastreio de drogas de elevado rendimento para identificar compostos que modulem o comportamento ou recuperem fenótipos neurológicos. Esta abordagem tem sido utilizada para descobrir potenciais terapêuticas para doenças neuropsiquiátricas.

Imagiologia e Eletrofisiologia Neuronal

As técnicas de imagiologia fluorescente, como a imagiologia do cálcio e a optogenética, permitem a visualização e a manipulação da atividade neuronal em larvas e adultos de peixe-zebra. Podem ser efectuados registos electrofisiológicos nos neurónios do peixe-zebra para estudar a transmissão sináptica, a excitabilidade neuronal e a atividade da rede.

Influências ambientais

Factores ambientais como a exposição à luz, a temperatura, a qualidade da água e as interacções sociais podem influenciar o comportamento e a neurobiologia do peixe-zebra. Compreender estas influências é importante para conceber experiências e interpretar resultados. A investigação da neurobiologia e do comportamento do peixe-zebra fornece informações valiosas sobre os mecanismos moleculares, celulares e comportamentais subjacentes à função e disfunção neurológica. Ao combinar a manipulação genética, ensaios comportamentais e técnicas de imagiologia, o peixe-zebra constitui um excelente modelo para estudar o desenvolvimento neural, as perturbações neurológicas e os efeitos dos medicamentos e dos factores ambientais na função cerebral.

14. Modelos de peixe-zebra de doenças neurológicas

Perturbações do espetro do autismo (PEA)

Os modelos de peixe-zebra das PEA envolvem frequentemente mutações genéticas em genes associados ao autismo, tais como FMR1, SHANK3 e PTEN. Os modelos de peixe-zebra com PEA apresentam défices sociais, comportamentos repetitivos, respostas sensoriais alteradas e desenvolvimento cerebral anormal, recapitulando as principais características da perturbação.

Epilepsia

Modelação: Os modelos de epilepsia do peixe-zebra são gerados através da indução de mutações nos genes que codificam os canais iónicos ou os receptores de neurotransmissores envolvidos na regulação das convulsões. As larvas de peixe-zebra epilético apresentam convulsões espontâneas, comportamento de natação alterado e padrões de atividade neuronal anormais, fornecendo informações sobre os mecanismos das convulsões e potenciais tratamentos.

Doença de Parkinson

Os modelos de peixe-zebra da doença de Parkinson envolvem frequentemente mutações genéticas ou danos induzidos por toxinas nos neurónios dopaminérgicos. Os modelos de peixe-zebra de Parkinson apresentam défices motores, depleção de dopamina e neurodegeneração na via nigrostriatal, imitando aspectos da doença humana.

Doença de Alzheimer

Os modelos de peixe-zebra da doença de Alzheimer são criados através da expressão da proteína precursora amiloide humana (APP) ou de formas mutantes da proteína tau associadas a emaranhados neurofibrilares. Os modelos de peixe-zebra de Alzheimer mostram deposição de placas amilóides, formação de emaranhados neurofibrilares, défices cognitivos e disfunção sináptica, assemelhando-se a aspectos da patologia da doença de Alzheimer humana.

Síndrome de Rett

Os modelos de peixe-zebra da síndrome de Rett envolvem mutações no gene MECP2, que está mutado na doença humana. Os modelos de peixe-zebra de Rett apresentam deficiências motoras, anomalias respiratórias, comportamento social alterado e morfologia neuronal anormal, reflectindo as características da síndrome de Rett.

Esquizofrenia

Os modelos de esquizofrenia do peixe-zebra envolvem frequentemente perturbações em genes relacionados com a sinalização de neurotransmissores, a função sináptica ou o desenvolvimento cerebral. Os modelos de peixe-zebra com esquizofrenia exibem défices na ativação sensório-motora, nas interacções sociais, na função cognitiva e na sinalização da dopamina, assemelhando-se a aspectos da doença humana.

Paralisia cerebral

Os modelos de peixe-zebra de paralisia cerebral podem envolver mutações genéticas ou lesões hipóxico-isquémicas durante o desenvolvimento. Os modelos de peixe-zebra com paralisia cerebral mostram deficiências motoras, espasticidade muscular e conetividade neuronal anormal, fornecendo informações sobre os mecanismos da disfunção motora.

Atrofia Muscular Espinhal (AME)

Os modelos de peixe-zebra da AME envolvem tipicamente mutações no gene SMN1 ou a supressão da expressão da proteína SMN. Os modelos de peixe-zebra com AME apresentam degenerescência dos neurónios motores, fraqueza muscular e função motora comprometida, assemelhando-se às características da AME humana.

Os modelos de peixe-zebra de perturbações neurológicas constituem ferramentas valiosas para a compreensão dos mecanismos da doença, a identificação de potenciais alvos terapêuticos e o rastreio de candidatos a medicamentos. A sua facilidade de manipulação genética, o rastreio de elevado rendimento e a imagiologia em direto tornam-nos indispensáveis para o estudo de uma vasta gama de doenças neurológicas.

15. O peixe-zebra como instrumento de investigação do cancro

Início e progressão do tumor

O peixe-zebra pode ser geneticamente modificado para expressar oncogenes ou supressores de tumores, levando ao desenvolvimento de tumores em tecidos específicos. Isto permite aos investigadores estudar os mecanismos moleculares subjacentes à iniciação e progressão dos tumores. Os embriões ou larvas de peixe-zebra podem ser transplantados com células cancerígenas humanas ou células tumorais de peixe-zebra, facilitando o estudo do comportamento das células tumorais, das metástases e da resposta à terapia in vivo.

Imagiologia e observação em direto

Os embriões e larvas de peixe-zebra são opticamente transparentes, permitindo a obtenção de imagens não invasivas do crescimento tumoral, angiogénese e metástases em tempo real, utilizando técnicas como a microscopia confocal e a microscopia de folha de luz. As linhas transgénicas de peixe-zebra que exprimem proteínas fluorescentes em tipos de células ou tecidos específicos permitem a visualização de células tumorais, vasculatura e células imunitárias, fornecendo informações sobre as interacções tumor-hospedeiro.

Rastreio de medicamentos e desenvolvimento terapêutico

Os embriões de peixe-zebra são susceptíveis de serem submetidos a um rastreio de drogas de elevado rendimento para identificar compostos que inibam o crescimento do tumor, induzam a apoptose ou perturbem as metástases. Esta abordagem acelera a descoberta de novos medicamentos anticancerígenos. O peixe-zebra pode ser enxertado com amostras de tumores derivados de pacientes para criar modelos PDX para testes personalizados de medicamentos e avaliação das respostas ao tratamento.

Rastreios genéticos e químicos

O peixe-zebra pode ser utilizado para efetuar análises genéticas para identificar novos genes envolvidos no desenvolvimento e progressão do cancro. A tecnologia CRISPR/Cas9 permite a geração de linhas de peixe-zebra mutantes com alterações genéticas específicas. O peixe-zebra pode ser utilizado em análises químicas para identificar pequenas moléculas que modulam as vias relacionadas com o cancro ou inibem o crescimento do tumor. Estes testes podem revelar potenciais alvos de medicamentos e compostos principais para desenvolvimento posterior.

Angiogénese e Metástases

Os modelos de peixe-zebra são amplamente utilizados para estudar a angiogénese, o processo pelo qual se formam novos vasos sanguíneos, que é crucial para o crescimento de tumores e metástases. Os vasos sanguíneos marcados com fluorescência em embriões de peixe-zebra permitem a visualização de processos angiogénicos. Os modelos de peixe-zebra permitem o estudo da disseminação de células tumorais e metástases para órgãos distantes, fornecendo informações sobre os mecanismos de propagação do cancro e potenciais intervenções terapêuticas.

Influências genéticas e ambientais

Os modelos de peixe-zebra podem ser utilizados para investigar a forma como os factores genéticos e as exposições ambientais interagem para influenciar o risco e a progressão do cancro, incluindo os efeitos de carcinogéneos, poluentes e factores alimentares.

O peixe-zebra constitui uma plataforma versátil e poderosa para a investigação do cancro, proporcionando conhecimentos sobre a biologia do tumor, a descoberta de medicamentos e o desenvolvimento terapêutico. A sua capacidade de manipulação genética, de obtenção de imagens ao vivo e de rastreio de elevado rendimento fazem deles ferramentas inestimáveis para estudar vários aspectos da biologia do cancro e desenvolver novas estratégias anticancerígenas.

16. Sistema imunitário do peixe-zebra e modelos de doenças

Vias imunitárias conservadas

Imunidade inata: O peixe-zebra possui células de imunidade inata, tais como macrófagos, neutrófilos e células dendríticas, bem como proteínas do complemento e receptores do tipo Toll, que são essenciais para o reconhecimento e defesa dos agentes patogénicos.

Imunidade adaptativa: Os peixes-zebra têm linfócitos B e T, moléculas MHC e genes de anticorpos, o que permite o estudo das respostas imunitárias adaptativas e da memória imunológica.

Modelos de doenças infecciosas

O peixe-zebra pode ser infetado com vários agentes patogénicos bacterianos, incluindo Mycobacterium marinum e Pseudomonas aeruginosa, para estudar as interacções entre o hospedeiro e o agente patogénico, a inflamação e a resposta imunitária à infeção. São susceptíveis a infecções virais, como o vírus do herpes simples (HSV) e o vírus da necrose hematopoiética infecciosa (IHNV), o que os torna modelos valiosos para o estudo da patogénese viral e das respostas imunitárias antivirais. Também pode ser infetado com parasitas como o Mycobacterium marinum e o Cryptococcus neoformans, permitindo aos investigadores estudar as interacções hospedeiro-parasita, as estratégias de evasão imunitária e a descoberta de medicamentos.

Doenças Inflamatórias

Os modelos de peixe-zebra da DII podem ser induzidos por tratamentos químicos ou manipulação genética para imitar a inflamação intestinal e estudar o papel das células imunitárias e das citocinas na patogénese da doença. O peixe-zebra pode desenvolver fenótipos semelhantes aos da artrite em resposta a agentes indutores de inflamação ou a mutações genéticas, fornecendo informações sobre os mecanismos de inflamação das articulações e potenciais intervenções terapêuticas.

Imunologia do cancro

Os modelos de cancro do peixe-zebra podem ser utilizados para estudar a interação entre as células tumorais e o sistema imunitário, incluindo a inflamação associada ao tumor, os mecanismos de evasão imunitária e o desenvolvimento de imunoterapias. O peixe-zebra pode ser utilizado em experiências de transplante para estudar a rejeição imunitária, a indução de tolerância e os efeitos dos fármacos imunossupressores na sobrevivência do enxerto.

Rastreio de elevado rendimento

O peixe-zebra é passível de um rastreio de elevado rendimento para identificar compostos que modulam as respostas imunitárias, tratam doenças infecciosas ou aliviam condições inflamatórias. Esta abordagem acelera a descoberta e o desenvolvimento de medicamentos.

Imagiologia em direto e manipulação genética

Os embriões de peixe-zebra são transparentes, o que permite obter imagens em tempo real do comportamento das células imunitárias, da invasão de agentes patogénicos e da inflamação in vivo. O peixe-zebra pode ser manipulado geneticamente para estudar a função de genes e vias específicas relacionadas com o sistema imunitário, revelando o seu papel nos processos de doença e na regulação imunitária.

O peixe-zebra constitui um modelo valioso para o estudo do sistema imunitário e de uma vasta gama de doenças humanas, incluindo doenças infecciosas, condições inflamatórias e cancro. A sua facilidade de manipulação genética, o rastreio de elevado rendimento e a imagem em direto tornam-nos ferramentas indispensáveis para a investigação imunológica e a descoberta de medicamentos.

17. Modelos de peixe-zebra de doenças infecciosas

Infecções bacterianas

Mycobacterium marinum: Esta bactéria está intimamente relacionada com o Mycobacterium tuberculosis, o agente causador da tuberculose nos seres humanos. Os peixes-zebra infectados com M. marinum desenvolvem granulomas semelhantes aos observados na tuberculose humana, permitindo aos investigadores estudar a resposta imunitária do hospedeiro e a eficácia dos medicamentos anti-tuberculose.

Pseudomonas aeruginosa: Este modelo é utilizado para estudar infecções agudas, especialmente em contextos como feridas de queimaduras e fibrose cística. As larvas de peixe-zebra são particularmente úteis para visualizar a dinâmica da infeção e a eficácia dos agentes antibacterianos em tempo real devido à sua transparência.

Streptococcus iniae: Este agente patogénico, relevante na aquacultura, pode causar infecções sistémicas no peixe-zebra, tornando-o um excelente modelo para estudar infecções estreptocócicas, respostas imunitárias do hospedeiro e desenvolvimento de vacinas.

Infecções virais

Vírus da Viremia Primaveril da Carpa (SVCV): O SVCV é um rabdovírus que pode infetar o peixe-zebra, constituindo um modelo para o estudo de infecções virais sistémicas, respostas imunitárias inatas e adaptativas aos vírus e desenvolvimento de medicamentos antivirais.

Vírus da Necrose Hematopoiética Infecciosa (IHNV): Semelhante ao SVCV, o IHNV permite aos investigadores estudar as respostas do peixe-zebra a um rabdovírus letal, incluindo as vias que conduzem à apoptose e à necrose nas células infectadas.

Infecções fúngicas

Cryptococcus neoformans: Os modelos de peixe-zebra da criptococose ajudam a compreender os mecanismos da patogénese fúngica e da resistência do hospedeiro, especialmente no contexto de infecções disseminadas que podem atravessar a barreira hemato-encefálica, espelhando as infecções fúngicas sistémicas e neuroinvasivas humanas.

Candida albicans: Ao infetar o peixe-zebra com C. albicans, os investigadores podem estudar a patogénese da candidíase, os mecanismos de defesa do hospedeiro e a eficácia dos tratamentos antifúngicos num hospedeiro vivo.

Infecções parasitárias

Trypanosoma cruzi: O peixe-zebra pode ser utilizado como modelo da doença de Chagas para compreender os mecanismos patogénicos do T. cruzi e a resposta imunitária do hospedeiro. Constitui também uma plataforma para o rastreio de potenciais medicamentos para o tratamento desta doença.

Plasmodium spp: Embora o peixe-zebra não seja um hospedeiro tradicional dos parasitas da malária humana, foram desenvolvidos parasitas geneticamente modificados para infetar o peixe-zebra, o que permite conhecer a patogénese da malária e potenciais compostos antimaláricos.

Imagiologia de infecções em direto

Uma das vantagens mais significativas da utilização do peixe-zebra é a capacidade de realizar imagens em direto do processo de infeção. Técnicas como a microscopia de fluorescência permitem a visualização da interação entre os agentes patogénicos e as células imunitárias do hospedeiro em tempo real, fornecendo informações valiosas sobre a dinâmica da infeção e da resposta imunitária.

Os modelos de peixe-zebra de doenças infecciosas oferecem ferramentas poderosas para estudar a patogénese das infecções, as interacções entre o hospedeiro e o agente patogénico e a resposta do sistema imunitário à infeção. São também um recurso essencial para o desenvolvimento e teste de novas terapias antimicrobianas e antiparasitárias. Os modelos de peixe-zebra são particularmente adequados para o rastreio de alto rendimento de compostos antimicrobianos devido ao seu pequeno tamanho, reprodução rápida e larvas transparentes. Esta capacidade permite avaliar rapidamente a eficácia e a toxicidade dos medicamentos, acelerando o ritmo da investigação das doenças infecciosas e do desenvolvimento farmacêutico.

18. Toxicologia e despistagem de drogas utilizando o peixe-zebra

Toxicidade para o desenvolvimento embrionário

Os embriões de peixe-zebra são normalmente utilizados para avaliar a toxicidade para o desenvolvimento de produtos químicos e medicamentos. A exposição durante a embriogénese pode levar a uma série de anomalias do desenvolvimento, incluindo malformações, atraso no crescimento e mortalidade. Os embriões de peixe-zebra são adequados para ensaios HTS (High-Throughput Screening) devido ao seu pequeno tamanho, rápido desenvolvimento e transparência. Os sistemas de imagiologia automatizados podem avaliar parâmetros morfológicos, como o comprimento do corpo, a frequência cardíaca e a morfologia craniofacial, para analisar um grande número de compostos relativamente à toxicidade para o desenvolvimento.

Rastreio de cardiotoxicidade

As larvas de peixe-zebra são utilizadas para avaliar os efeitos cardiotóxicos de produtos químicos e medicamentos. A função cardíaca pode ser monitorizada em tempo real utilizando técnicas como a videografia de alta velocidade ou o mapeamento ótico da atividade cardíaca. Os modelos de peixe-zebra são utilizados nos esforços de descoberta de medicamentos para identificar compostos com efeitos cardioprotectores ou para detetar potenciais efeitos cardíacos adversos dos medicamentos candidatos. Estes modelos oferecem uma plataforma económica e eficiente para avaliar as alterações induzidas pelos medicamentos na morfologia e função cardíacas.

Ensaios de neurotoxicidade

As larvas de peixe-zebra são utilizadas para avaliar os efeitos neurotóxicos de produtos químicos e medicamentos. Os ensaios comportamentais, como a atividade locomotora, a resposta de sobressalto e a preferência pelo claro-escuro, podem avaliar as alterações da função neurológica. Os modelos de peixe-zebra são utilizados em programas de rastreio de fármacos para identificar compostos com propriedades neuroprotectoras ou para detetar potenciais efeitos neurotóxicos dos fármacos. Estes modelos permitem compreender os mecanismos subjacentes à neurotoxicidade induzida pelos medicamentos e constituem uma plataforma para testar novos agentes terapêuticos para doenças neurológicas.

Avaliação da hepatotoxicidade

As larvas de peixe-zebra são utilizadas para avaliar a hepatotoxicidade, ou toxicidade hepática, induzida por produtos químicos e medicamentos. A função hepática pode ser avaliada através da medição da atividade das enzimas hepáticas, da excreção biliar e da histopatologia hepática. Os modelos de peixe-zebra são utilizados em estudos de desenvolvimento de fármacos para identificar compostos com efeitos hepatoprotectores ou para detetar a potencial toxicidade hepática de fármacos candidatos. Estes modelos fornecem informações sobre o metabolismo dos medicamentos, a função dos hepatócitos e a regeneração do fígado.

Toxicologia comportamental

O comportamento do peixe-zebra pode ser afetado pela exposição a substâncias tóxicas, incluindo alterações no comportamento de natação, atividade alimentar e interacções sociais. Os ensaios comportamentais podem avaliar os efeitos de produtos químicos e medicamentos em vários aspectos do comportamento do peixe-zebra. Os modelos de peixe-zebra são utilizados em esforços de rastreio de medicamentos para identificar compostos com efeitos comportamentais, tais como propriedades ansiolíticas ou antidepressivas. Os ensaios comportamentais oferecem uma abordagem não invasiva e sensível para avaliar os efeitos psicoactivos dos medicamentos e os potenciais efeitos comportamentais adversos.

Metabolismo e farmacocinética dos medicamentos

Os modelos de peixe-zebra são utilizados para estudar o metabolismo e a farmacocinética dos medicamentos, incluindo a sua absorção, distribuição, metabolismo e excreção (ADME). Estes modelos fornecem informações sobre as interacções fármaco-fármaco, a biodisponibilidade e a toxicidade. Os modelos de peixe-zebra são utilizados no desenvolvimento farmacêutico para avaliar as propriedades farmacocinéticas dos candidatos a fármacos e otimizar as formulações de fármacos para aumentar a eficácia e a segurança. Estes modelos oferecem uma abordagem económica e eficiente para prever o comportamento dos medicamentos in vivo.

O peixe-zebra é um modelo versátil para a toxicologia e a despistagem de fármacos, oferecendo conhecimentos sobre a segurança e a eficácia de produtos químicos e fármacos numa série de sistemas biológicos. A sua utilização em ensaios de elevado rendimento, combinada com técnicas avançadas de imagiologia e de análise comportamental, torna-os ferramentas indispensáveis para avaliar os efeitos dos compostos no desenvolvimento, na função dos órgãos, no comportamento e no metabolismo dos medicamentos.

19. Farmacologia do peixe-zebra e administração de medicamentos

Rastreio da eficácia dos medicamentos

Os embriões de peixe-zebra são bem adequados para ensaios HTS para analisar a atividade farmacológica de um grande número de compostos. Os sistemas automatizados de imagiologia podem avaliar parâmetros fisiológicos como o ritmo cardíaco, o fluxo sanguíneo e a atividade locomotora para identificar potenciais candidatos a fármacos. Os modelos de peixe-zebra são utilizados para descobrir novos agentes terapêuticos para várias doenças, incluindo cancro, perturbações cardiovasculares e condições neurológicas. Ao avaliar a eficácia dos fármacos candidatos em modelos de peixe-zebra, os investigadores podem dar prioridade aos compostos para um maior desenvolvimento pré-clínico e clínico.

Estudos farmacocinéticos

Absorção e distribuição de fármacos: As larvas de peixe-zebra são utilizadas para estudar a cinética de absorção e distribuição de fármacos utilizando compostos marcados com fluorescência. As técnicas de imagiologia, como a microscopia confocal, permitem a visualização da distribuição dos fármacos em diferentes tecidos e órgãos ao longo do tempo. Os modelos de peixe-zebra são utilizados para investigar o metabolismo e as vias de excreção de fármacos, incluindo o metabolismo hepático, a depuração renal e a excreção biliar. As técnicas de manipulação genética permitem aos investigadores estudar o papel de enzimas e transportadores específicos no metabolismo dos fármacos.

Interacções medicamentosas

Os modelos de peixe-zebra são utilizados para estudar as interacções medicamentosas e identificar potenciais efeitos adversos de terapias combinadas. Ao coadministrar múltiplos medicamentos a larvas de peixe-zebra, os investigadores podem avaliar as alterações na eficácia, toxicidade e farmacocinética dos medicamentos. Os modelos de peixe-zebra oferecem conhecimentos sobre os mecanismos subjacentes às interacções medicamentosas e podem ajudar a prever potenciais interacções nos seres humanos. Estes modelos constituem uma plataforma económica e eficiente para avaliar a segurança e a eficácia das terapias combinadas.

Sistemas de administração de medicamentos

Os embriões de peixe-zebra são utilizados para estudar a biodistribuição e a toxicidade de nanopartículas carregadas com fármacos. As nanopartículas marcadas com fluorescência podem ser administradas a embriões de peixe-zebra para visualizar a sua distribuição e avaliar o seu potencial como veículos de administração de fármacos. As larvas de peixe-zebra são passíveis de técnicas de microinjecção para administração de fármacos a tecidos ou órgãos específicos. Esta abordagem permite aos investigadores estudar os efeitos localizados de fármacos no desenvolvimento, função e progressão de doenças dos órgãos.

Farmacologia comportamental

O comportamento do peixe-zebra é afetado pela exposição a drogas, o que o torna um modelo valioso para o estudo dos efeitos comportamentais de compostos psicoactivos. Os ensaios comportamentais podem avaliar as alterações da atividade locomotora, o comportamento ansioso e as interacções sociais em resposta à administração de drogas. Os modelos de peixe-zebra são utilizados em esforços de rastreio de drogas para identificar compostos com potencial terapêutico para perturbações neurológicas e psiquiátricas. Os ensaios comportamentais oferecem uma abordagem não invasiva e sensível para avaliar os efeitos psicoactivos dos fármacos e os potenciais efeitos comportamentais adversos.

Os modelos de peixe-zebra desempenham um papel crucial na investigação sobre farmacologia e administração de medicamentos, fornecendo informações sobre a eficácia dos medicamentos, a farmacocinética, as interacções medicamentosas e os sistemas de administração de medicamentos. A sua utilização em ensaios de rastreio de elevado rendimento, combinada com técnicas avançadas de imagiologia e análise comportamental, torna-os ferramentas indispensáveis para a descoberta e o desenvolvimento de medicamentos.

20. Modelos de peixe-zebra de perturbações metabólicas

Obesidade e metabolismo lipídico

Os peixes-zebra podem ser alimentados com dietas ricas em gordura para induzir a obesidade e estudar os efeitos da acumulação excessiva de lípidos. Estes modelos ajudam a investigar os factores genéticos e ambientais que contribuem para a obesidade. Utilizando corantes lipídicos fluorescentes, os investigadores podem visualizar e quantificar a acumulação de lípidos nos tecidos do peixe-zebra, como o fígado e o tecido adiposo. Isto permite o estudo do metabolismo dos lípidos e a identificação dos genes envolvidos na regulação dos lípidos. As tecnologias CRISPR/Cas9 e morfolino permitem a criação de modelos de peixe-zebra com supressão ou eliminação de genes específicos para estudar o papel dos genes relacionados com o metabolismo dos lípidos, como a leptina, os PPARs e as lipases, na obesidade e na síndrome metabólica.

Diabetes e metabolismo da glicose

O peixe-zebra pode ser tratado com glucose ou aloxano para induzir hiperglicemia, imitando a diabetes tipo 1 e tipo 2. Estes modelos ajudam a compreender a fisiopatologia da diabetes e a avaliar potenciais fármacos antidiabéticos. O peixe-zebra possui vias conservadas de sinalização da insulina, o que o torna adequado para estudar a resistência à insulina e a função das células beta pancreáticas. A manipulação genética pode ser utilizada para criar modelos com uma sinalização da insulina deficiente para estudar a progressão da diabetes. As linhas transgénicas de peixe-zebra que expressam proteínas fluorescentes nas células beta pancreáticas permitem a visualização em tempo real da massa, função e regeneração das células beta. Isto é crucial para estudar os efeitos da diabetes e potenciais terapias regenerativas.

Doença hepática gorda não alcoólica (NAFLD)

Modelos induzidos por dieta: As dietas ricas em gordura e açúcar podem induzir a NAFLD no peixe-zebra, levando a esteatose, inflamação e fibrose. Estes modelos ajudam a elucidar os mecanismos subjacentes à NAFLD e à esteato-hepatite não alcoólica (NASH). Os modelos de peixe-zebra permitem a avaliação da função hepática através de análises histológicas, quantificação de lípidos e ensaios de atividade enzimática. Isto ajuda a avaliar a progressão da doença hepática e a eficácia das intervenções terapêuticas. Podem ser introduzidas no peixe-zebra mutações em genes associados ao metabolismo dos lípidos e à função hepática (por exemplo, PPARα, SREBP) para estudar o seu papel no desenvolvimento e progressão da NAFLD.

Hipercolesterolemia e doenças cardiovasculares

Metabolismo do colesterol: O peixe-zebra pode ser utilizado para estudar o metabolismo do colesterol e o seu impacto na saúde cardiovascular. Os modelos com perturbações na homeostase do colesterol ajudam a compreender os factores genéticos e alimentares que contribuem para a hipercolesterolemia. O peixe-zebra pode desenvolver lesões ateroscleróticas quando alimentado com uma dieta rica em colesterol, o que permite estudar a formação de placas, a inflamação e os efeitos de fármacos que reduzem o colesterol. A natureza transparente das larvas de peixe-zebra permite obter imagens em direto do coração, possibilitando o estudo da função cardíaca, do fluxo sanguíneo e do impacto das perturbações metabólicas na saúde cardiovascular.

Disfunção mitocondrial e metabolismo energético

Os modelos de peixe-zebra com mutações nos genes mitocondriais podem ser utilizados para estudar a disfunção mitocondrial, que é uma caraterística de muitas doenças metabólicas. Estes modelos ajudam a compreender o papel das mitocôndrias no metabolismo energético e na patogénese das doenças. Técnicas como a respirometria podem ser utilizadas para medir a taxa metabólica e o consumo de oxigénio no peixe-zebra, fornecendo informações sobre o metabolismo energético global e os efeitos das perturbações metabólicas. Os modelos de peixe-zebra são utilizados para selecionar compostos que possam melhorar a função mitocondrial ou aliviar os sintomas de doenças mitocondriais. Isto é particularmente útil para identificar potenciais tratamentos para doenças metabólicas que envolvem disfunção mitocondrial.

O peixe-zebra constitui um modelo versátil e poderoso para o estudo de uma vasta gama de perturbações metabólicas, desde a obesidade e a diabetes à NAFLD e às doenças mitocondriais. A sua tractibilidade genética, transparência e adequação ao rastreio de elevado rendimento tornam-nos ferramentas inestimáveis para compreender os mecanismos das doenças e desenvolver novas terapias para as perturbações metabólicas.

21. O peixe-zebra como modelo para a medicina regenerativa

Regeneração do coração

O peixe-zebra pode regenerar o seu coração após uma lesão, como a ressecção ventricular ou a crioinjúria. Estes modelos são utilizados para estudar os processos regenerativos, incluindo a proliferação de cardiomiócitos, a desdiferenciação e a neovascularização. As vias moleculares envolvidas na regeneração cardíaca, como o papel dos factores de crescimento, citocinas e vias de sinalização (por exemplo, FGF, BMP, Notch). A compreensão destas vias pode informar estratégias terapêuticas para a reparação cardíaca em humanos. As linhas transgénicas de peixe-zebra com cardiomiócitos marcados com fluorescência permitem a obtenção de imagens em tempo real da regeneração cardíaca. A CRISPR/Cas9 e outras ferramentas genéticas são utilizadas para manipular genes específicos e estudar o seu papel na reparação cardíaca.

Tabela 4: Comparação de ferramentas genéticas na investigação do peixe-zebra

Ferramenta	Descrição	Aplicações
Morfolino Antisense	Moléculas sintéticas que bloqueiam a tradução do ARNm	Estudo da função dos genes, análise fenotípica
CRISPR/Cas9	Técnica de edição de genes que introduz cortes no ADN	Geração de "knockouts", estudo da função dos genes
TALENs	Nucleases personalizáveis para edição de ADN direccionada	Interrupção genética, inserção de novas sequências de ADN
Linhas transgénicas	Peixe-zebra geneticamente modificado para exprimir genes estranhos	Estudos de genes de repetição, rastreio de linhagens

Regeneração das barbatanas

As barbatanas do peixe-zebra podem regenerar-se totalmente após a amputação, constituindo um modelo robusto para o estudo das fases de regeneração, incluindo a cicatrização de feridas, a formação de blastemas e a diferenciação de tecidos. A regeneração das barbatanas revelou vias e genes fundamentais envolvidos na regeneração dos tecidos, como a sinalização Wnt/β-catenina, IGF e Hedgehog. Estas vias são conservadas e relevantes para a regeneração de tecidos humanos. A comparação da capacidade regenerativa de diferentes regiões da barbatana ou entre espécies ajuda a identificar os factores que melhoram ou inibem a regeneração, fornecendo informações que podem ser aplicadas a modelos de mamíferos.

Regeneração da espinal medula

O peixe-zebra pode regenerar a sua medula espinal após uma lesão, o que o torna um modelo valioso para o estudo da regeneração neural. Os investigadores utilizam modelos de transecção da espinal medula ou de lesão por esmagamento para investigar o processo de regeneração. Os mecanismos de crescimento axonal, remielinização e recuperação funcional. As principais vias de sinalização, como mTOR, Notch e Sonic Hedgehog, são exploradas quanto ao seu papel na regeneração neural. Ensaios comportamentais, como o desempenho na natação, são usados para avaliar a recuperação funcional após lesão da medula espinhal, fornecendo uma ligação entre a regeneração celular e os resultados funcionais.

Regeneração do fígado

O peixe-zebra pode regenerar o seu fígado após uma hepatectomia parcial. Este modelo é utilizado para estudar a regeneração do fígado, incluindo a proliferação de hepatócitos, a regulação do tamanho do fígado e o papel das células progenitoras hepáticas. A compreensão da regeneração hepática no peixe-zebra pode fornecer informações sobre doenças hepáticas, como a cirrose e o cancro do fígado, e informar o desenvolvimento de terapias regenerativas para lesões hepáticas. A investigação centra-se na identificação de factores regenerativos e vias de sinalização, tais como HGF, Wnt/β-catenina e Hippo/YAP, que promovem a regeneração do fígado e podem ser alvo de estratégias terapêuticas.

Regeneração da retina

O peixe-zebra pode regenerar células da retina após uma lesão, constituindo um modelo para estudar a regeneração do sistema nervoso central. Os modelos incluem lesões da retina induzidas pela luz e a ablação genética de células específicas da retina.

As células da glia de Müller na retina do peixe-zebra podem voltar a entrar no ciclo celular e diferenciar-se em vários tipos de células da retina. Os investigadores estudam os factores que regulam este processo, como o Asc11a, o Stat3 e a sinalização Wnt. Ensaios funcionais, como a resposta optocinética e a electrorretinografia, são utilizados para avaliar a restauração da visão, relacionando a regeneração celular com a recuperação funcional da visão.

Regeneração muscular

O peixe-zebra pode regenerar o músculo esquelético após uma lesão, o que o torna um modelo para o estudo da reparação e regeneração muscular. Os modelos de lesão incluem danos mecânicos e ablação genética de células musculares. A investigação incide sobre o papel das células estaminais musculares e das células satélite na regeneração muscular, incluindo a sua ativação, proliferação e diferenciação. As vias principais, como a Notch e a Wnt, são estudadas quanto ao seu papel na reparação muscular. Os modelos de distrofia muscular do peixe-zebra são utilizados para estudar a capacidade regenerativa do músculo doente e para identificar alvos terapêuticos para melhorar a regeneração muscular em condições distróficas.

O peixe-zebra constitui um modelo versátil e poderoso para o estudo da medicina regenerativa. A sua capacidade de regenerar vários tecidos e órgãos, combinada com ferramentas genéticas avançadas e técnicas de imagiologia, torna-os um recurso inestimável para descobrir os mecanismos de regeneração e desenvolver novas terapias regenerativas para doenças humanas.

22. Toxicologia ambiental e peixe-zebra

1. Vantagens do peixe-zebra na toxicologia ambiental

O peixe-zebra partilha uma proporção significativa do seu genoma com os seres humanos, o que o torna um modelo relevante para o estudo dos efeitos dos tóxicos ambientais que podem afetar a saúde humana. O peixe-zebra desenvolve-se rapidamente e produz um grande número de descendentes, facilitando o estudo dos efeitos dos tóxicos ao longo das gerações e permitindo um rastreio de elevado rendimento. A transparência ótica dos embriões de peixe-zebra permite a observação direta dos processos de desenvolvimento e dos efeitos dos tóxicos na organogénese e nas estruturas celulares. São pequenos e de manutenção pouco dispendiosa, o que os torna uma escolha eficiente para estudos toxicológicos em grande escala.

2. Avaliação dos contaminantes da água

O peixe-zebra é utilizado para estudar os efeitos de metais pesados como o chumbo, o mercúrio e o cádmio. Estes estudos examinam resultados como anomalias de desenvolvimento, neurotoxicidade e alterações comportamentais. A exposição ao mercúrio pode causar defeitos significativos no desenvolvimento neurológico dos embriões de peixe-zebra, reflectindo riscos semelhantes nos seres humanos. O impacto dos produtos químicos agrícolas em ambientes aquáticos é avaliado utilizando o peixe-zebra. Os investigadores investigam a toxicidade para o desenvolvimento, a desregulação endócrina e a genotoxicidade. Foi demonstrado que a atrazina, um herbicida comum, causa perturbações reprodutivas e endócrinas no peixe-zebra.

3. Desreguladores endócrinos

Os desreguladores endócrinos, como o bisfenol A (BPA) e os ftalatos, interferem com a função hormonal. O peixe-zebra é utilizado para estudar os efeitos destes químicos na reprodução, desenvolvimento e crescimento. Os peixes-zebra concebidos para expressar marcadores fluorescentes em resposta a substâncias químicas desreguladoras do sistema endócrino permitem a visualização em tempo real da desregulação hormonal.

4. Produtos farmacêuticos e de higiene pessoal (PPCPs)

Os modelos de peixe-zebra são utilizados para estudar os efeitos dos produtos farmacêuticos e de higiene pessoal que entram nos ecossistemas aquáticos através das águas residuais. A exposição a antidepressivos como a fluoxetina pode alterar o comportamento do peixe-zebra, indicando potenciais impactes ecológicos na vida aquática.

5. Nanomateriais

O peixe-zebra é utilizado para avaliar a toxicidade dos nanomateriais, como as nanopartículas de prata e os nanotubos de carbono. Os estudos centram-se na bioacumulação, no stress oxidativo e na toxicidade para o desenvolvimento. Técnicas avançadas de imagiologia permitem o rastreio e a visualização de nanopartículas nos tecidos do peixe-zebra, fornecendo informações sobre a sua biodistribuição e potenciais efeitos.

6. Microplásticos

Os microplásticos são uma preocupação crescente nos ambientes aquáticos. O peixe-zebra é utilizado para estudar a ingestão, a acumulação e os potenciais efeitos toxicológicos dos microplásticos. A investigação mostra que os microplásticos podem causar danos físicos no sistema digestivo e podem transportar contaminantes químicos nocivos, afectando a saúde geral dos peixes.

7. Avaliação da toxicidade combinada

Os poluentes ambientais existem frequentemente como misturas complexas e não como compostos isolados. O peixe-zebra é utilizado para estudar os efeitos combinados de múltiplos tóxicos, proporcionando uma avaliação mais realista da exposição ambiental. Os estudos centram-se na compreensão da forma como diferentes contaminantes interagem e afectam os sistemas biológicos quando combinados.

8. Genotoxicidade e mutagenicidade

O peixe-zebra é utilizado para avaliar o potencial genotóxico e mutagénico de contaminantes ambientais utilizando ensaios como o ensaio cometa e o teste do micronúcleo. A investigação investiga os efeitos genéticos e epigenéticos a longo prazo da exposição a substâncias genotóxicas ao longo das gerações de peixe-zebra.

9. Monitorização ambiental e avaliação de riscos

O peixe-zebra é utilizado como bioindicador para monitorizar a saúde ambiental e avaliar o impacto da poluição nos ecossistemas aquáticos. As populações de peixe-zebra em massas de água contaminadas são estudadas para compreender os impactos dos tóxicos ambientais no mundo real e informar as políticas regulamentares.

O peixe-zebra constitui um modelo versátil e poderoso para a investigação em toxicologia ambiental. A sua utilização na avaliação do impacto de contaminantes da água, desreguladores endócrinos, PPCPs, nanomateriais, microplásticos e toxicidades combinadas, bem como o seu papel nos estudos de genotoxicidade e na monitorização ambiental, sublinha a sua importância na compreensão e mitigação dos efeitos dos poluentes ambientais nos sistemas biológicos.

23. Técnicas de imagiologia do desenvolvimento do peixe-zebra
Microscopia de campo claro e de contraste de interferência diferencial (DIC)

Microscopia de campo claro: Esta técnica básica de imagem é utilizada para visualizar embriões e larvas de peixe-zebra. A microscopia de campo brilhante fornece imagens claras da morfologia geral e das fases de desenvolvimento, desde a fertilização até à organogénese.

Microscopia DIC: A DIC melhora o contraste em amostras transparentes como embriões de peixe-zebra, permitindo a observação detalhada de estruturas celulares e tecidos sem coloração. É particularmente útil para estudar embriões vivos e processos dinâmicos.

Microscopia de fluorescência

Microscopia de Fluorescência de Campo Amplo: Amplamente utilizada para visualizar proteínas, células ou tecidos marcados com fluorescência no peixe-zebra. Permite aos investigadores estudar os padrões de expressão espacial e temporal de genes e proteínas.

Microscopia confocal: Fornece imagens tridimensionais de alta resolução através do varrimento da amostra com um feixe de laser focado. A microscopia confocal é essencial para estudar estruturas celulares detalhadas e interacções nos tecidos.

Microscopia de dois fotões: Permite a obtenção de imagens de tecidos profundos com fototoxicidade e fotobranqueamento reduzidos. É ideal para observar processos dinâmicos em embriões e larvas de peixe-zebra vivos, como o desenvolvimento neural e o fluxo sanguíneo.

Microscopia de lapso de tempo

Imagens em direto: A microscopia de lapso de tempo permite a observação de processos dinâmicos de desenvolvimento em tempo real. Os investigadores podem seguir os movimentos, divisões e diferenciação das células ao longo de horas ou dias.

Estudos de embriogénese: Esta técnica é particularmente útil para estudar a embriogénese do peixe-zebra, incluindo a gastrulação, a somitogénese e a formação de órgãos.

Microscopia de Fluorescência de Folha de Luz (LSFM)

A LSFM ilumina o espécime com uma fina camada de luz, permitindo a obtenção de imagens rápidas e de alta resolução de grandes amostras. Minimiza a fototoxicidade e é adequada para a obtenção de imagens a longo prazo de peixes-zebra vivos. A LSFM é utilizada para estudar processos de desenvolvimento em grande escala, como o desenvolvimento cerebral, a formação vascular e a organogénese, em três dimensões ao longo do tempo.

Tomografia de Coerência Ótica (OCT)

A OCT fornece imagens de secção transversal de alta resolução de tecidos de peixe-zebra in vivo. Utiliza ondas de luz para captar imagens detalhadas de estruturas internas sem necessidade de coloração ou marcadores transgénicos. A OCT é particularmente útil para estudar o desenvolvimento do coração, a dinâmica do fluxo sanguíneo e a fisiologia cardiovascular em embriões e larvas de peixe-zebra.

Tabela 5: Resumo das técnicas de imagiologia para a investigação do peixe-zebra

Técnica	Resolução	Fase de desenvolvimento adequada	Utilizações comuns
Microscopia de luz	Moderado	Todas as fases	Estudos morfológicos, observações gerais
Microscopia confocal	Elevado	Larva a adulto	Imagiologia a nível celular, estudos de fluorescência
Imagem em direto	Variável	Do embrião ao adulto	Processos de desenvolvimento em tempo real
Microscopia eletrónica	Muito elevado	Amostras tipicamente fixas	Estudos ultra-estruturais

Microscopia eletrónica de transmissão e de varrimento (TEM e SEM)

Fornece imagens de resolução ultra-alta de estruturas celulares e subcelulares. É utilizada para estudar organelos, junções celulares e outros detalhes finos nos tecidos de peixe-zebra. Produz imagens detalhadas da superfície dos tecidos e órgãos do peixe-zebra. O SEM é útil para examinar a morfologia de estruturas em desenvolvimento e detalhes de superfície à escala micrométrica.

Microscopia de electrões crio (Cryo-EM)

A crio-EM é utilizada para estudar as estruturas tridimensionais de macromoléculas e complexos com uma resolução quase anatómica. No peixe-zebra, ajuda a elucidar a arquitetura molecular dos componentes celulares e as suas interacções durante o desenvolvimento.

Imagiologia por Ressonância Magnética (MRI) e Micro-CT

Fornece imagens detalhadas de tecidos moles em peixe-zebra. É útil para estudar o desenvolvimento do cérebro e dos órgãos, bem como alterações patológicas em modelos de doenças. Oferece imagens tridimensionais de alta resolução de ossos e tecidos mineralizados. É utilizada para estudar o desenvolvimento do esqueleto, o crescimento ósseo e a mineralização em larvas e adultos de peixe-zebra.

Imagiologia de bioluminescência

A imagiologia por bioluminescência utiliza repórteres de luciferase para estudar os padrões de expressão genética e as vias de sinalização em peixes-zebra vivos. Permite a monitorização em tempo real e não invasiva de processos biológicos.

As técnicas de imagiologia do desenvolvimento do peixe-zebra proporcionam uma visão sem paralelo dos processos complexos do desenvolvimento dos vertebrados. Desde a microscopia básica até modalidades avançadas de imagiologia, estas técnicas permitem aos investigadores visualizar e compreender os eventos dinâmicos subjacentes à embriogénese, formação de tecidos e organogénese. O avanço contínuo das tecnologias de imagiologia aumenta ainda mais a utilidade do peixe-zebra como organismo modelo na biologia do desenvolvimento e na investigação biomédica.

24. Plataformas de rastreio de elevado rendimento na investigação sobre o peixe-zebra

Vantagens do Zebrafish para HTS

O peixe-zebra produz um grande número de descendentes e o seu pequeno tamanho permite a cultura em grande escala em placas com vários poços, tornando-o ideal para HTS. Os embriões de peixe-zebra desenvolvem-se rapidamente, permitindo uma avaliação rápida dos efeitos fenotípicos. O peixe-zebra partilha uma parte significativa do seu genoma com os seres humanos, o que o torna um modelo relevante para o estudo das doenças humanas e das respostas aos medicamentos. A clareza ótica dos embriões de peixe-zebra permite a visualização em tempo real dos processos de desenvolvimento e das alterações fenotípicas sem dissecação.

Tecnologias de automatização e imagiologia

Os sistemas robóticos são utilizados para manusear placas de 96 e 384 poços, permitindo o rastreio de milhares de compostos em paralelo. São utilizados sistemas de imagiologia avançados, incluindo microscopia de fluorescência automatizada e microscopia confocal, para captar imagens de alta resolução de embriões e larvas de peixe-zebra. Algoritmos sofisticados de software analisam imagens para quantificar mudanças fenotípicas, como alterações morfológicas, expressão de marcadores fluorescentes e respostas comportamentais.

Descoberta e desenvolvimento de medicamentos

São analisadas grandes bibliotecas de pequenas moléculas para identificar compostos com potencial terapêutico. O peixe-zebra é utilizado para avaliar a eficácia e a toxicidade destes compostos in vivo. O rastreio de compostos anticancerígenos utilizando modelos de peixe-zebra de melanoma e leucemia levou à identificação de potenciais candidatos a medicamentos. Os modelos transgénicos e mutantes de peixe-zebra são utilizados para a pesquisa de medicamentos que possam melhorar os fenótipos das doenças. Estes modelos imitam condições humanas como as doenças cardiovasculares, as doenças neurodegenerativas e as doenças metabólicas. Os modelos de peixe-zebra da atrofia muscular espinal (AME) têm sido utilizados para identificar compostos que melhoram a função motora e a sobrevivência.

Toxicologia e monitorização ambiental

Os embriões e larvas de peixe-zebra são expostos a vários produtos químicos para avaliar os seus perfis toxicológicos. São avaliados parâmetros como a mortalidade, a teratogenicidade e a toxicidade específica dos órgãos. O peixe-zebra é utilizado para detetar os efeitos tóxicos de poluentes ambientais, incluindo pesticidas, metais pesados e desreguladores endócrinos. Os sistemas automatizados monitorizam o comportamento do peixe-zebra para avaliar a neurotoxicidade e os efeitos comportamentais da exposição a produtos químicos. São quantificadas as alterações nos padrões de natação, os comportamentos de ansiedade e as interacções sociais. O rastreio de compostos neuroactivos revelou potenciais neurotoxinas e agentes neuroprotectores através da observação do comportamento do peixe-zebra.

Genómica funcional

Os rastreios genéticos de elevado rendimento que utilizam CRISPR/Cas9, morfolinos ou mutagénese baseada em transposões permitem a identificação de genes envolvidos no desenvolvimento, na doença e na regeneração. Os rastreios CRISPR de todo o genoma no peixe-zebra identificaram genes críticos para o desenvolvimento e a função do coração. A sequenciação de RNA de alto rendimento (RNA-seq) e o RNA-seq de célula única são utilizados para estudar os padrões de expressão dos genes em resposta a perturbações genéticas ou químicas. Estas técnicas fornecem informações sobre os mecanismos moleculares subjacentes ao desenvolvimento do peixe-zebra e modelos de doenças.

Medicina regenerativa

O peixe-zebra tem uma capacidade notável de regenerar tecidos, incluindo o coração, as barbatanas e a espinal medula. As plataformas HTS são utilizadas para identificar compostos que melhoram ou inibem os processos regenerativos. O rastreio de fármacos cardioprotectores levou à descoberta de compostos que promovem a regeneração do coração após uma lesão. Os modelos de peixe-zebra são utilizados para a análise de factores que influenciam o comportamento e a diferenciação das células estaminais, contribuindo para o desenvolvimento de terapias regenerativas.

As plataformas de rastreio de elevado rendimento na investigação do peixe-zebra oferecem um meio poderoso e eficiente para estudar uma vasta gama de processos biológicos, identificar compostos terapêuticos e avaliar os efeitos toxicológicos. A integração de sistemas automatizados, imagiologia avançada e análise sofisticada de dados permite aos investigadores realizar rastreios em grande escala que aceleram significativamente o ritmo da descoberta na investigação biomédica. O avanço contínuo das tecnologias HTS aumentará ainda mais a utilidade do peixe-zebra como organismo modelo na descoberta de medicamentos, toxicologia, genómica funcional e medicina regenerativa.

25. Ensaios e análise do comportamento do peixe-zebra

Vantagens do peixe-zebra na investigação comportamental

O peixe-zebra pode ser facilmente manipulado geneticamente, permitindo aos investigadores estudar os efeitos de genes específicos no comportamento. A sua elevada fecundidade e o seu rápido desenvolvimento permitem estudos comportamentais em grande escala com muitos indivíduos. A clareza ótica dos embriões e larvas de peixe-zebra facilita a observação de processos internos durante os ensaios comportamentais. O peixe-zebra partilha muitas vias neurológicas e fisiológicas conservadas com os seres humanos, o que o torna um modelo relevante para o estudo do comportamento humano e das doenças neurológicas.

Ensaios de atividade locomotora

As larvas de peixe-zebra são observadas em relação à atividade de natação espontânea em placas com vários poços. Os sistemas de rastreio automatizados quantificam parâmetros como a distância percorrida, a velocidade e os padrões de movimento, utilizados para estudar os efeitos de mutações genéticas, factores ambientais e tratamentos farmacológicos no comportamento locomotor. Ensaios semelhantes são efectuados com peixes-zebra adultos em tanques maiores. Os padrões de movimento e a atividade de natação são monitorizados para avaliar a saúde geral, as respostas ao stress e os efeitos de substâncias tóxicas.

Ensaios de ansiedade e stress

Os peixes-zebra podem escolher entre uma área bem iluminada e uma área escura. O aumento do tempo passado no escuro é indicativo de um comportamento semelhante à ansiedade. Utilizado para procurar compostos ansiolíticos ou ansiogénicos e para estudar os efeitos de factores de stress no comportamento. Os peixes-zebra são colocados num tanque novo e a sua posição vertical é monitorizada. Inicialmente, o peixe-zebra tende a ficar no fundo, explorando gradualmente áreas mais altas à medida que se aclimata. O atraso na exploração indica um aumento da ansiedade. Útil para estudar perturbações de ansiedade e os efeitos de agentes farmacológicos. Mede a tendência do peixe-zebra para nadar junto às paredes do aquário, o que é uma resposta comum à ansiedade. A redução do contacto com a parede indica níveis de ansiedade reduzidos.

Ensaios de comportamento social

Os peixes-zebra formam naturalmente grupos, conhecidos como cardumes. O ensaio de formação de cardumes mede a tendência do peixe-zebra para se agrupar, fornecendo informações sobre o comportamento social e a preferência social. Utilizado para estudar os efeitos do isolamento social, mutações genéticas que afectam o comportamento social e o impacto de drogas neuroactivas. Mede a interação entre um peixe-zebra individual e um conspecífico ou um peixe virtual apresentado num ecrã. A interação social é quantificada com base no tempo passado perto do co-específico.

Ensaios de aprendizagem e memória

Os peixes-zebra são condicionados a associar um determinado ambiente a um estímulo gratificante, como a comida. A preferência pelo ambiente condicionado é utilizada para avaliar a aprendizagem e a memória. Utilizado para estudar a aprendizagem baseada na recompensa, a dependência e os efeitos de drogas neuroactivas. Os peixes-zebra são treinados para percorrer labirintos para encontrar uma recompensa. O sucesso nestas tarefas indica capacidades de aprendizagem espacial e de memória. Útil para estudar a função cognitiva, perturbações da memória e os efeitos de manipulações genéticas ou farmacológicas. Os peixes-zebra aprendem a evitar uma área associada a um estímulo aversivo, como um ligeiro choque elétrico. O comportamento de evitamento é medido para avaliar a aprendizagem e a memória.

Ensaios de sono e ritmo circadiano

Os peixes-zebra apresentam estados semelhantes ao sono, caracterizados por movimentos e reatividade reduzidos. Os sistemas de rastreio automatizados monitorizam os períodos de inatividade para estudar os padrões de sono. Utilizados para investigar perturbações do sono, ritmos circadianos e os efeitos de fármacos que modulam o sono.

Os peixes-zebra são expostos a ciclos de luz/escuridão e os seus padrões de atividade são monitorizados para estudar os ritmos circadianos. As perturbações nestes padrões podem indicar perturbações do ritmo circadiano. Relevante para a compreensão dos factores genéticos e ambientais que regulam os ritmos circadianos.

Os ensaios comportamentais em peixe-zebra fornecem um conjunto abrangente de ferramentas para estudar a função neurológica, a biologia do desenvolvimento e o impacto de agentes farmacológicos no comportamento. Desde a atividade locomotora básica até às interacções sociais complexas e aos paradigmas de aprendizagem, estes ensaios oferecem conhecimentos valiosos sobre os mecanismos subjacentes ao comportamento e a sua relevância para a saúde e a doença humanas. A integração do rastreio automatizado e de técnicas de análise avançadas continua a aumentar a utilidade do peixe-zebra como organismo modelo na investigação comportamental.

26. Considerações éticas na investigação do peixe-zebra

Conformidade e supervisão regulamentar

Comités Institucionais de Cuidados e Utilização de Animais (IACUCs): Os investigadores devem obter a aprovação das IACUCs ou de comissões de análise ética equivalentes antes de iniciarem estudos que envolvam o peixe-zebra. Estes comités avaliam a justificação ética, as considerações de bem-estar e a adesão aos regulamentos.

Directrizes e normas: Os investigadores devem aderir a directrizes estabelecidas, como as fornecidas pelos National Institutes of Health (NIH) e pela Diretiva Europeia 2010/63/UE, que definem as normas para o tratamento e utilização do peixe-zebra na investigação.

Princípio dos três Rs

Substituição: Sempre que possível, devem ser feitos esforços para substituir o peixe-zebra por modelos alternativos, como culturas de células ou simulações em computador.

Redução: O número de peixes-zebra utilizados nas experiências deve ser reduzido ao mínimo, garantindo ao mesmo tempo a validade científica do estudo. A conceção experimental e os métodos estatísticos adequados são cruciais para alcançar este equilíbrio.

Refinamento: Os procedimentos devem ser refinados para minimizar a dor, o sofrimento e a angústia do peixe-zebra. Isto inclui a otimização do manuseamento, condições de alojamento e protocolos experimentais.

Alojamento e criação de animais

Enriquecimento ambiental: Os peixes-zebra devem dispor de um ambiente que promova comportamentos naturais e reduza o stress. Isto inclui uma conceção adequada do aquário, qualidade da água e objectos de enriquecimento.

Alimentação e cuidados: Uma nutrição adequada e um controlo regular do estado de saúde são essenciais para manter o bem-estar do peixe-zebra. Os peixes doentes ou feridos devem receber cuidados veterinários imediatos ou eutanásia humana, se necessário.

Minimizar a dor e a angústia

Quando são necessários procedimentos invasivos, o peixe-zebra deve receber anestesia e analgesia adequadas para evitar a dor. Os anestésicos habitualmente utilizados incluem o metanossulfonato de tricaína (MS-222) e o eugenol. Os investigadores devem estabelecer critérios claros para determinar quando uma experiência deve ser terminada, a fim de evitar sofrimento desnecessário. Os pontos finais humanitários incluem sinais de angústia grave, doença ou comportamento não reativo.

Eutanásia

Métodos humanos: Os métodos de eutanásia deveriam ser rápidos e minimizar o sofrimento. Os métodos aceitáveis incluem a sobredosagem de anestésicos como o MS-222 ou métodos físicos como o arrefecimento rápido (hipotermia) em água gelada para embriões e larvas.

Revisão ética: Os protocolos de eutanásia devem ser revistos e aprovados pelos IACUCs ou organismos equivalentes para garantir que cumprem as normas éticas.

Considerações genéticas e de desenvolvimento

Linhas transgénicas e mutantes: A criação e utilização de linhas transgénicas e mutantes de peixe-zebra deve ser cuidadosamente considerada. Devem ser abordados potenciais problemas de bem-estar, tais como desenvolvimento ou comportamento anómalos.

Ética reprodutiva: Os programas de reprodução devem ser geridos de forma a evitar a produção excessiva de peixe-zebra. Os animais excedentes devem ser eutanasiados humanamente seguindo protocolos aprovados.

Partilha de dados e transparência

Acesso livre: Os investigadores são encorajados a partilhar os seus dados e resultados abertamente para reduzir a duplicação de experiências e promover o progresso científico.

Normas de comunicação: A comunicação pormenorizada dos protocolos experimentais e das avaliações do bem-estar assegura a transparência e permite a reprodução e o aperfeiçoamento dos métodos de investigação.

Envolvimento do público e educação

Consciencialização ética: Os investigadores devem promover a consciencialização das considerações éticas na investigação do peixe-zebra na comunidade científica e junto do público. Isto inclui a formação de novos investigadores e estudantes sobre princípios éticos e normas de bem-estar.

Divulgação: O contacto com o público sobre os benefícios e considerações éticas da investigação com o peixe-zebra pode melhorar a compreensão e o apoio à investigação biomédica.

As considerações éticas na investigação do peixe-zebra são fundamentais para garantir o tratamento humano dos animais e a integridade dos resultados científicos. Ao aderir às normas regulamentares, implementando os Três Rs, e promovendo a transparência e o envolvimento do público, os investigadores podem realizar estudos sobre o peixe-zebra que são tanto eticamente responsáveis como cientificamente valiosos. O aperfeiçoamento contínuo das práticas e directrizes éticas continuará a melhorar o bem-estar do peixe-zebra na investigação, contribuindo para uma descoberta científica mais humana e eficaz.

27. Perspectivas futuras e desafios da investigação biomédica sobre o peixe-zebra

Avanços nas tecnologias genéticas e genómicas

O desenvolvimento da tecnologia CRISPR/Cas9 revolucionou a manipulação genética no peixe-zebra. Os futuros avanços na edição de genes, como a edição de bases e a edição de primas, aumentarão ainda mais a precisão e a eficiência das modificações genéticas. Técnicas como a sequenciação de ARN de uma única célula (scRNA-seq) permitirão obter informações mais aprofundadas sobre a heterogeneidade celular e a dinâmica da expressão genética durante o desenvolvimento e os processos de doença.

Melhorar o rastreio fenotípico e a imagiologia

O desenvolvimento contínuo de plataformas HTS permitirá uma descoberta de medicamentos e estudos toxicológicos mais eficientes. A integração com sistemas de imagiologia automatizados aumentará o rendimento e a precisão do rastreio fenotípico. As inovações no domínio da imagiologia, como a microscopia de fluorescência de folha clara (LSFM) e a microscopia de super-resolução, permitirão uma visualização pormenorizada dos processos celulares e subcelulares no peixe-zebra. A utilização de inteligência artificial (IA) e de algoritmos de aprendizagem automática melhorará a análise de imagens, permitindo a deteção e quantificação automatizadas de fenótipos complexos.

Expansão dos modelos de doenças

O desenvolvimento de modelos mais sofisticados de peixe-zebra para as doenças humanas, incluindo o cancro, as perturbações neurológicas e as doenças metabólicas, será um ponto fulcral. Isto inclui a criação de modelos que imitem com maior exatidão a fisiopatologia humana. As capacidades regenerativas do peixe-zebra fazem dele um excelente modelo para o estudo da regeneração e reparação de tecidos. A investigação futura centrar-se-á na compreensão dos mecanismos de regeneração e na transposição destas descobertas para terapias humanas.

Considerações éticas e de bem-estar

É essencial garantir os mais elevados padrões de bem-estar na investigação do peixe-zebra. Isto inclui o aperfeiçoamento das condições de alojamento, a minimização da dor e da angústia e o desenvolvimento de técnicas não invasivas. À medida que os métodos de investigação evoluem, os quadros éticos devem adaptar-se para enfrentar novos desafios, tais como as implicações das modificações genéticas avançadas e a utilização da IA na investigação.

Integração com outros organismos modelo

A integração da investigação sobre o peixe-zebra com os resultados de outros organismos modelo, como os ratinhos e as culturas de células humanas, permitirá uma compreensão mais abrangente dos processos biológicos e dos mecanismos das doenças. O desenvolvimento de métodos para traduzir as descobertas do peixe-zebra para os seres humanos será fundamental para as aplicações clínicas. Isto inclui a validação de modelos de peixe-zebra com dados humanos e a realização de análises comparativas entre espécies.

Estudos Ambientais e Toxicológicos

O peixe-zebra é cada vez mais utilizado para estudar os efeitos de poluentes e toxinas ambientais. A investigação futura centrar-se-á na compreensão dos impactos a longo prazo destas substâncias na saúde e no desenvolvimento. O desenvolvimento de ensaios mais sensíveis e específicos para avaliar o impacto ecológico dos poluentes será importante para a proteção ambiental e para fins regulamentares.

Partilha de dados e ciência aberta

A criação de plataformas colaborativas para a partilha de dados e a ciência aberta irá melhorar a reprodutibilidade e acelerar as descobertas científicas. Isto inclui formatos de dados padronizados e bases de dados centralizadas para a investigação do peixe-zebra. O envolvimento com a comunidade científica em geral e com o público sobre os benefícios e considerações éticas da investigação do peixe-zebra irá promover um maior apoio e colaboração.

A investigação biomédica sobre o peixe-zebra é extremamente promissora para fazer avançar a nossa compreensão da biologia e das doenças. No entanto, para concretizar este potencial, será necessário enfrentar vários desafios fundamentais e aproveitar as oportunidades futuras. Tirando partido dos avanços nas tecnologias genéticas, melhorando o rastreio fenotípico, expandindo os modelos de doenças e mantendo elevados padrões éticos, a investigação do peixe-zebra continuará a dar contributos significativos para a ciência biomédica. A integração das descobertas do peixe-zebra com outros sistemas modelo e dados humanos será crucial para traduzir a investigação em aplicações clínicas, melhorando, em última análise, a saúde e o bem-estar humanos.

28. Resumo

O peixe-zebra (*Danio rerio*) tornou-se essencial na investigação biomédica devido à sua semelhança genética com os seres humanos, ao seu rápido desenvolvimento e à facilidade de manipulação genética. As perspectivas futuras neste domínio envolvem avanços nas tecnologias genéticas e genómicas, como o CRISPR/Cas9, a genómica de célula única e a epigenética, que aumentarão a precisão e os conhecimentos sobre a expressão genética. Melhores técnicas de rastreio fenotípico e de imagiologia, juntamente com a IA e a aprendizagem automática, revolucionarão a descoberta de medicamentos e os estudos toxicológicos. A expansão dos modelos de doenças humanas, em particular para o cancro, as doenças neurológicas e metabólicas, e o aproveitamento das capacidades regenerativas do peixe-zebra, promoverão a investigação translacional. As considerações éticas, incluindo o bem-estar dos animais e as implicações das modificações genéticas avançadas, continuam a ser cruciais. A integração de resultados de outros organismos-modelo e a promoção de plataformas de colaboração para a partilha de dados melhorarão a reprodutibilidade da investigação e as aplicações clínicas. Os estudos ambientais e toxicológicos beneficiarão de ensaios mais sensíveis para avaliar os impactos ecológicos. Em geral, a abordagem destes desafios e oportunidades maximizará o potencial da investigação do peixe-zebra no avanço da ciência biomédica e na melhoria da saúde humana.

29. Referências

➢ Hwang, W. Y., Fu, Y., Reyon, D., Maeder, M. L., Tsai, S. Q., Sander, J. D., ... & Joung, J. K. (2013). Edição eficiente do genoma em peixes-zebra usando um sistema CRISPR-Cas. Nature Biotechnology, 31(3), 227-229.

➢ Stainier, D. Y. R., Kontarakis, Z., & Rossi, A. (2015). Fazendo sentido de dados anti-senso. Developmental Cell, 32(1), 7-8.

➢ Zon, L. I., & Peterson, R. T. (2005). Descoberta de medicamentos in vivo no peixe-zebra. Nature Reviews Drug Discovery, 4(1), 35-44.

➢ Distel, M., Wullimann, M. F., & Köster, R. W. (2009). Genética Gal4 optimizada para o mapeamento permanente da expressão genética em peixe-zebra. Proceedings of the National Academy of Sciences, 106(32), 13365-13370.

➢ Phillips, J. B., & Westerfield, M. (2014). Modelos de peixe-zebra na pesquisa translacional: inclinando a balança para avanços na saúde humana. Disease Models & Mechanisms, 7(7), 739-743.

➢ Patton, E. E., Widlund, H. R., & Kutok, J. L. (2005). Modelos de melanoma de peixe-zebra: perspectivas sobre a patogénese da doença e potenciais alvos para a descoberta de medicamentos. Pigment Cell Research, 18(6), 685-694.

➢ Lawrence, C. (2007). A criação de peixe-zebra (Danio rerio): A review. Aquaculture, 269(1-4), 1-20.

➢ Aleström, P., D'Angelo, L., Midtlyng, P. J., Schorderet, D. F., Schulte-Merker, S., Sohm, F., & Warner, S. (2020). Zebrafish: Recomendações de alojamento e criação. Laboratory Animals, 54(3), 213-224.

➢ Howe, K., Clark, M. D., Torroja, C. F., Torrance, J., Berthelot, C., Muffato, M., ... & Stemple, D. L. (2013). A sequência do genoma de referência do peixe-zebra e sua relação com o genoma humano. Nature, 496(7446), 498-503.

➢ Lieschke, G. J., & Currie, P. D. (2007). Animal models of human disease: zebrafish swim into view. Nature Reviews Genetics, 8(5), 353-367.

➢ Hill, A. J., Teraoka, H., Heideman, W., & Peterson, R. E. (2005). Zebrafish as a model vertebrate for investigating chemical toxicity. Toxicological Sciences, 86(1), 6-19.

➢ Weigt, S., Hübner, N., Braunbeck, T., & von Landenberg, F. (2011). Embriões de peixe-zebra (Danio rerio) como modelo para testar proteratogénios. Toxicology, 281(1-3), 25-36.

➢ MacCallum, C. J., & Parthasarathy, H. (2006). Open access increases citation rate. PLoS Biology, 4(5), e176.

➢ Clements, J. (2020). A importância da publicação em acesso aberto na investigação científica. Journal of Biotech Research, 11, 1-5.

✳✳✳✳✳✳✳✳

Printed by Books on Demand GmbH, Norderstedt / Germany